W0261187

Abhängigkeitsgraph

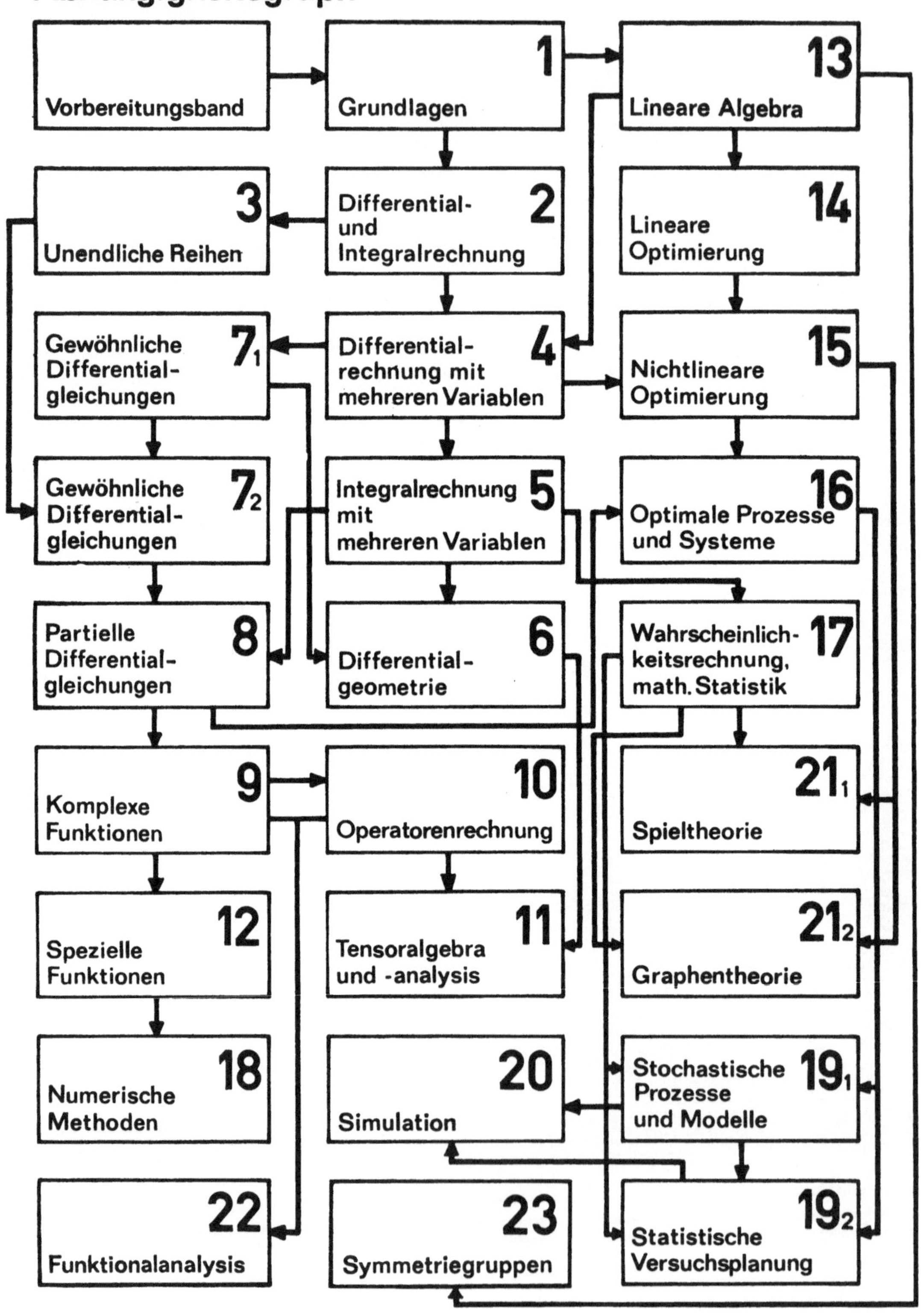

MATHEMATIK FÜR INGENIEURE, NATURWISSENSCHAFTLER, ÖKONOMEN UND LANDWIRTE · BAND 20

PROF. DR. JOACHIM PIEHLER
DOZ. DR. DR. HANS-ULRICH ZSCHIESCHE

Simulationsmethoden

4. AUFLAGE

BSB B. G. TEUBNER VERLAGSGESELLSCHAFT
1990

Das Lehrwerk wurde 1972 begründet und wird seither herausgegeben von:
Prof. Dr. Otfried Beyer, Prof. Dr. Horst Erfurth, Prof. Dr. Otto Greuel †, Prof. Dr. Horst Kadner, Prof. Dr. Karl Manteuffel, Doz. Dr. Günter Zeidler
Außerdem gehören dem Herausgeberkollektiv an:
Prof. Dr. Manfred Schneider (seit 1989), Prof. Dr. Christian Großmann (seit 1989)

Verantwortlicher Herausgeber dieses Bandes:
Dr. sc. nat. Otfried Beyer, ordentlicher Professor an der Technischen Universität „Otto von Guericke" Magdeburg

Autoren:

Dr. sc. nat. Joachim Piehler, ordentlicher Professor an der Technischen Hochschule „Carl Schorlemmer" Leuna-Merseburg

Dr. sc. nat. Dr. paed. Hans-Ulrich Zschiesche, Dozent an der Technischen Hochschule „Carl Schorlemmer" Leuna-Merseburg

Als Lehrbuch für die Ausbildung an Universitäten und Hochschulen der DDR anerkannt.

Berlin, Mai 1989 Minister für Hoch- und Fachschulwesen

Piehler, Joachim
Simulationsmethoden/J. Piehler; H.-U. Zschiesche. –
4. Aufl. – Leipzig : BSB Teubner, 1990. –
60 S.: 16 Abb.
(Mathematik für Ingenieure, Naturwissenschaftler, Ökonomen und Landwirte; 20)
NE: Zschiesche, Hans-Ulrich :; GT

ISBN 978-3-322-00374-4 ISBN 978-3-322-96424-3 (eBook)
DOI 10.1007/978-3-322-96424-3

Math. Ing. Nat. wiss. Ökon. Landwirte, Bd. 20

ISSN 0138-1318

4. Auflage

VLN 294-375/51/90 · LSV 1084

Lektor: Dorothea Ziegler

Lichtsatz: INTERDRUCK Graphischer Großbetrieb Leipzig – III/18/97

Bestellnummer 665 787 6

00350

Inhalt

Einleitung

Im allgemeinsten Sinne versteht man unter Simulation die Untersuchung eines Prozesses oder eines Systems mit Hilfe eines Ersatzsystems. Häufig zitierte Beispiele für derartige Simulationen sind Simulatoren bei der Ausbildung von Flugzeugpiloten oder in Fahrschulen. Die Gründe für ein derartiges Vorgehen liegen auf der Hand. Es sind in erster Linie geringere Kosten und geringere Gefahr; in vielen praktischen Fällen sind darüber hinaus Untersuchungen am realen System gar nicht möglich, wie spätere Beispiele zeigen werden.

Wichtige Ersatzsysteme für Simulationen stellen die mathematischen Modelle dar, die den zu untersuchenden Prozeß beschreiben und die auf einem Digitalrechner ausgewertet werden. In einem solchen Falle spricht man von *digitaler Simulation* oder *Simulation im engeren Sinne.* Im folgenden werden wir uns mit derartigen Simulationen beschäftigen.

Meist tritt noch ein weiteres Moment hinzu, nämlich das Experimentieren mit einem solchen Modell. Das ist darin begründet, daß die Modelle oft sehr kompliziert und umfangreich sind, so daß keine expliziten mathematischen Methoden zur Bestimmung von Optimallösungen vorliegen; diese können dann nur über Variantenrechnungen ermittelt werden. Aus diesen Gründen spricht man im Zusammenhang mit der Simulation oft auch von experimenteller Mathematik.

Zwei wesentliche Gründe sind es, die in vielen Fällen die Anwendung der Simulation erforderlich machen. Erstens ist es der vielfach sehr große Modellumfang, der explizite mathematische Verfahren[1]) verhindert. Zweitens sind bei komplexen Aufgabenstellungen die Teile von völlig unterschiedlicher mathematischer Struktur, so daß es nicht möglich ist, ein einheitliches Modell zu erarbeiten. Vielmehr müssen in solchen Fällen Teilmodelle aufgestellt werden, die durch Informationsaustausch miteinander verknüpft sind. Man spricht hier von Modellsystemen. Bei der Anwendung einer expliziten Methode muß aber im allgemeinen ein „reiner“ Aufgabentyp vorliegen, z. B. ein Modell der linearen Optimierung, ein Bedienungsmodell oder ähnliches. Ist das nicht der Fall, so kann wieder mit Erfolg die Simulation eingesetzt werden.

Diese kurzen Ausführungen sollen zur Begründung der Notwendigkeit von Simulationsverfahren genügen. Im folgenden werden viele praktische Beispiele zur weiteren Verdeutlichung beitragen.

---

[1]) Hierunter wollen wir im folgenden stets exakte Lösungsmethoden oder solche Näherungsverfahren verstehen, die keinen experimentellen Charakter besitzen.

1. Grundlagen

1.1. Definition und Klassifizierung der Simulationsmethoden

1.1.1. Definition

Im Hinblick auf die vorausgegangenen Betrachtungen können wir nunmehr definieren, was wir im folgenden unter Simulation verstehen wollen.

Definition: *Simulation ist ein Verfahren zur Durchführung von Experimenten auf einem Digitalrechner unter Benutzung mathematischer Modelle mit dem Ziel, Aussagen über das Verhalten des realen Systems zu gewinnen.*

Aus dieser Definition sind unmittelbar zwei wichtige Gesichtspunkte abzulesen.

Erstens erkennt man, daß es sich bei der Simulation nicht um eine feststehende Methode, wie z.B. bei der Simplexmethode der linearen Optimierung, handelt, sondern um eine Methodik oder Vorgehensweise, die je nach der Problemstellung sehr unterschiedlich ausfallen kann. Vor der Anwendung der Simulation hat man also meist erst noch eine beträchtliche Anpassungsarbeit zu leisten. Andererseits liegt aber gerade in der Allgemeinheit und Flexibilität der Simulation ihr Vorteil und ihre Stärke.

Zweitens zeigt die Definition, daß es sich bei der Simulation um eine Vorgehensweise handelt, die dem Studium des Systemverhaltens dient, nicht aber unmittelbar zu einer Systemoptimierung führt. Vielmehr kann man nur mittelbar durch ein Experimentieren in die entsprechende Richtung zu Optimallösungen gelangen.

1.1.2. Klassifizierung

Die *Klassifizierung* der Simulationsverfahren kann nach sehr unterschiedlichen Gesichtspunkten erfolgen und wird auch in der Literatur nicht einheitlich vorgenommen. Wir werden im folgenden die wichtigsten Klassifizierungsmerkmale zusammenstellen.

(1) Einteilung nach der Art des Experimentierens

Nach diesem Merkmal unterscheidet man zwei Arten der Simulation, nämlich

- *Monte-Carlo-Simulation oder zufallsbedingte Simulation,*
- *gezielte oder geplante Simulation.*

Im erstgenannten Fall werden die den Experimenten zugrunde liegenden Bedingungen oder zumindest ein Teil von ihnen zufällig ausgewählt, während sie im zweiten Fall einem exakt vorbestimmten Plan folgen. Die Monte-Carlo-Simulation ist im allgemeinen mit wesentlich mehr Rechenaufwand verbunden als die gezielte Simulation. Wie wir jedoch noch sehen werden, gibt es Fälle, wo keine gezielte Simulation möglich ist. Vielfach tritt in der Praxis eine Mischung beider Fälle auf: Man beginnt mit einer Monte-Carlo-Simulation und erhält dadurch genügend Informationen, um danach zur gezielten Simulation übergehen zu können. Die Erzeugung zufälliger Bedingungen werden wir im nächsten Abschnitt behandeln.

(2) Einteilung nach der Art der angestrebten Lösung

Das Verhalten von Systemen kann durch statische oder dynamische Lösungen charakterisiert werden. Unter einer statischen Lösung wollen wir einen mathematischen

Zusammenhang verstehen, der objektiv gültig ist und über Experimente aufgedeckt wird. Ein Beispiel hierfür wäre die optimale Auslegung oder Fahrweise einer technischen Anlage in Abhängigkeit von bestimmten Parametern. Mittels Simulation kann man das Optimum oder zumindest eine Näherungslösung dadurch bestimmen, daß die Fahrweisen bei Veränderung der Parameter ermittelt und die günstigste herausgesucht wird. Ein ganz anderer Sachverhalt liegt bei einer dynamischen Lösung vor. Hier will man das Verhalten des Systems in Abhängigkeit von der Zeit kennenlernen. Als Beispiel betrachten wir ein Bedienungssystem. Forderungenstrom und Bedienungszeiten werden in ihrem zeitlichen Ablauf gemäß ihrer Wahrscheinlichkeitsverteilungen von einem Rechenautomaten erzeugt, und man erhält die Warteschlangenlänge oder die abgelehnten Forderungen in einem Verlustsystem für jedes Zeitintervall. Man kann somit eine Einteilung in

- *Simulation mit statischer Lösung*
- *Simulation mit dynamischer Lösung*

vornehmen. Diese Einteilung ist auch dadurch charakterisiert, daß im ersten Fall die Reihenfolge der Experimente gleichgültig ist (außer natürlich, wenn eine gezielte Simulation in einer ganz bestimmten Richtung durchgeführt wird), während im zweiten Fall die Zeitabhängigkeit unbedingt zu beachten ist.

(3) Einteilung nach den Zeitpunkten der Berechnung

Diese Einteilung bezieht sich im wesentlichen auf Simulation mit dynamischer Lösung. Während bei einer statischen Lösung die Wahl des Zeitpunktes, wann irgend etwas gerechnet wird, völlig beliebig und ohne Einfluß auf das Ergebnis ist, braucht das bei dynamischen Lösungen nicht der Fall zu sein. Man könnte hier das Verhalten des Systems für beliebige zukünftige Zeitpunkte im voraus berechnen oder nur dann gewisse Berechnungen durchführen, wenn das System durch äußere Einflüsse gestört wird. Dieser zweite Fall ist bei Prozeßsteuerungen gegeben, wo man in diskreten Zeitpunkten eine Berechnung durchführt; diese können vorgegeben werden oder sich im Laufe der Zeit zufällig durch das Verhalten des Prozesses erforderlich machen. Wir können also einteilen in

- *zeitunabhängige Simulation*
- *Simulation in diskreten Zeitpunkten (discrete event simulation).*

Die vorangegangenen Ausführungen zeigen, daß alle Aufgaben mit statischer Lösung und ein Teil der Aufgaben mit dynamischer Lösung zur ersten Gruppe gehören.

Weitere Einteilungen sind nach der Art der zugrunde liegenden mathematischen Aufgabenstellungen möglich, doch soll hierauf nicht eingegangen werden, da der Leser hierüber im Zusammenhang mit den Anwendungsbeispielen einen Einblick bekommt.

1.2. Möglichkeiten zur Erzeugung von Zufallszahlen und zufälligen Reihenfolgen

1.2.1. Gleichverteilte Zufallszahlen

Bei der Monte-Carlo-Simulation sind, wie erwähnt, gewisse Größen zufällig auszuwählen. Das kann durch die Erzeugung von Zufallszahlen auf Digitalrechnern geschehen. Zufallszahlen sind Realisierungen von zufälligen Veränderlichen, die bestimmten Verteilungen gehorchen. Als einfachster und wichtigster Fall treten hier die *im Intervall* [0, 1] *gleichverteilten Zufallszahlen* auf, die als Realisierung einer zufälligen Veränderlichen mit der Dichte

$$f(x) = \begin{cases} 1 & \text{für} \quad 0 \leqq x \leqq 1 \\ 0 & \text{sonst} \end{cases}$$

bzw. der Verteilungsfunktion

$$F(x) = \begin{cases} 0 & \text{für} \quad x \leqq 0 \\ x & \text{für} \quad 0 < x \leqq 1 \\ 1 & \text{für} \quad x > 1 \end{cases}$$

aufzufassen sind. Wir werden oft einfacher von gleichverteilten Zufallszahlen sprechen und die Angabe des Intervalls [0, 1] weglassen. Die Zufallszahlen müssen somit erstens eine Stichprobe aus einer Grundgesamtheit mit dieser Verteilung bilden und zweitens auch in ihrer Anordnung zufällig sein (vgl. Bd. 17). Es muß sich also um eine zufällige Stichprobe handeln. Hat man nun eine Vorschrift zur Erzeugung von Zufallszahlen, so ist mit entsprechenden statistischen Tests zu prüfen, ob diese beiden Forderungen erfüllt sind. Man könnte hierzu einen Anpassungstest und einen Iterationstest benutzen. Da man wegen der begrenzten Stellenzahl in Digitalrechnern nur endliche Dezimalbrüche erhält, sind allerdings nicht sämtliche reellen Zahlen des Intervalls [0, 1] darstellbar, und man kann deshalb von *Quasizufallszahlen* sprechen. Wenn wir im folgenden trotzdem immer von Zufallszahlen sprechen, so deshalb, weil der erwähnte Tatbestand für praktische Anwendungen keine tiefgreifenden Folgen hat.

Ein einfaches Verfahren zur Erzeugung von Zufallszahlen ist die *Quadratmittelmethode*. Man geht von einer beliebigen Folge von n Ziffern aus. Die Größe n richtet sich nach der Stellenzahl der benutzten Rechenanlage, sollte gerade sein und könnte also z.B. 10 betragen. Faßt man diese Ziffernfolge als ganze Zahl auf und quadriert diese, so erhält man eine Folge aus $2n$ Ziffern, wobei evtl. vorn Nullen zu ergänzen sind. Streicht man vorn und hinten die ersten bzw. letzten $\frac{n}{2}$ Ziffern weg, so erhält man wieder eine Folge von n Ziffern und kann das Verfahren wiederholen. Setzt man vor die Ziffernfolgen jeweils „0,“, so erhält man n-stellige Dezimalbrüche, die als Zufallszahlen benutzt werden können. Das Verfahren hat jedoch einen schwerwiegenden Nachteil. Es könnte im Laufe der Erzeugung von Ziffernfolgen z.B. eintreten, daß die ersten 5 oder mehr Stellen einer Ziffernfolge aus Nullen bestehen; dann bleibt diese Eigenschaft offensichtlich für alle weiteren Ziffernfolgen erhalten, und man bekommt nur noch Zahlen $< 10^{-5}$, die dann nicht mehr zufällig in [0, 1] verteilt sind. Eine solche Folge bezeichnet man als entartet, und sie ist unbrauchbar. Leider kann man das Eintreten dieses Entartungsfalles nicht von vornherein erkennen.

Man hat deshalb andere Verfahren zur Erzeugung von Zufallszahlen entwickelt, die derartige Entartungen weitgehend ausschließen, so daß man hinreichend lange Folgen von Zufallszahlen erzeugen kann. Bei diesen Betrachtungen spielt der Begriff der Kongruenz eine wesentliche Rolle.

Definition: *Zwei ganze Zahlen a und b heißen kongruent modulo m, wobei m positiv und ganz ist, wenn $a - b$ durch m teilbar ist. In Zeichen schreibt man dann $a \equiv b$*

mod m. *Man sieht, daß im Falle einer solchen Kongruenz a und b bei Division durch m denselben Rest lassen.*

Beispielsweise gilt

$$3 \equiv 8 \bmod 5, \quad 14 \equiv 0 \bmod 7, \quad -4 \equiv 7 \bmod 11.$$

Ausgehend von einer beliebigen positiven ganzen Zahl x_0 ergeben sich mit geeignet gewählten ganzen positiven Zahlen c und m weitere ganze Zahlen x_i, $i = 1, 2, \ldots$, gemäß der Rekursionsformel

$$x_{i+1} \equiv c \cdot x_i \bmod m,$$

wobei für x_{i+1} immer die kleinste nichtnegative ganze Zahl zu nehmen ist, die dieser Kongruenz genügt. Die Zahlen $\frac{x_i}{m}$ liegen zwischen 0 und 1 und können als gleichverteilte Zufallszahlen dienen. Wird ein $x_i = 0$, so erhält man von dieser Stelle an nur noch Nullen und die Folge entartet. Durch geschickte Wahl von c und m kann jedoch die Wahrscheinlichkeit derartiger Entartungen hinreichend klein gehalten werden.

Bei den praktisch verwendeten Programmen nach diesem Verfahren benutzt man bei einer im Binärsystem arbeitenden Rechenanlage $m = 2^r$, wo r die Anzahl der Bits in einem Wort bezeichnet. Dann rechnet die Maschine automatisch modulo m und die Division durch m bedeutet lediglich eine Kommaverschiebung (warum?). Bei der Wahl von c muß man auf eine möglichst große Periodenlänge achten. Gewisse Erwägungen statistischer Art legen eine Wahl von c in der Größenordnung von $\sqrt{m}$ nahe. Ist jedoch m eine Zweierpotenz, so muß c ungerade sein, da sonst die Periodenlänge kleiner wird. (Man stelle ein Flußdiagramm für diese Art der Erzeugung von Zufallszahlen auf.)

Es gibt noch eine ganze Reihe weiterer Erzeugungsvorschriften, die naf Kongruenzbetrachtungen beruhen, doch soll hierauf nicht weiter eingegangen werden.

1.2.2. Zufallszahlen mit anderen Verteilungen

Will man *Zufallszahlen mit einer anderen Verteilungsfunktion* $F(x)$ erzeugen, so geht man von einer Folge $\xi_1, \xi_2, \ldots$ gleichverteilter Zufallszahlen aus und berechnet die Folge $\eta_i = F^{-1}(\xi_i)$, wobei F^{-1} die inverse Funktion von F bezeichnet. Wegen

$$P\{\eta_i < x\} = P\{F^{-1}(\xi_i) < x\} = P\{\xi_i < F(x)\} = F(x)$$

sind die η_i tatsächlich nach dem Verteilungsgesetz $F(x)$ verteilt. Diese Methode wird als *Inversionsmethode* bezeichnet. F muß dabei stetig und monoton sein.

Beispiel 1.1: Es sollen Zufallszahlen erzeugt werden, die der Exponentialverteilung genügen; solche spielen in der Bedienungstheorie (vgl. Abschnitt 2.3.3.) eine Rolle. Für die Exponentialverteilung gilt $F(x) = 1 - e^{-\lambda x}$ für $x \geqq 0$ und sonst $F(x) = 0$.

Dann gilt offenbar

$$\eta_i = F^{-1}(\xi_i) = -\frac{1}{\lambda} \ln (1 - \xi_i),$$

und die gleichverteilten Zufallszahlen ξ_i gehen in Zufallszahlen η_i über, die der angegebenen Exponentialverteilung genügen.

1.2.3. Zufällige Reihenfolgen

Wie wir später in den Anwendungen sehen werden, spielt auch die Erzeugung *zufälliger Reihenfolgen* bei gewissen Problemen eine wichtige Rolle. Die Zahlen 1, 2,..., n lassen sich bekanntlich auf $n! = 1 \cdot 2 \dots n$ Arten anordnen. Eine solche Anordnung oder Permutation entspricht einer Reihenfolge, und das Problem ist, aus den $n!$ möglichen Reihenfolgen zufällig eine bestimmte Anzahl auszuwählen. Eine theoretische Möglichkeit bestände darin, alle Reihenfolgen zu numerieren und dann aus den Nummern 1 bis $n!$ zufällig welche auszuwählen. Da aber die Zuordnung der Reihenfolgen zu den Nummern 1 bis $n!$ und umgekehrt numerisch sehr aufwendig ist, muß man nach anderen Wegen suchen.

Definition: *Ist α eine reelle Zahl, so versteht man unter dem ganzen Anteil $[\alpha]$ diejenige ganze Zahl, für die $\alpha - 1 < [\alpha] \leqq \alpha$ gilt.*

Wir nehmen an, daß $n \leq 99$ ist. Man wird sofort erkennen, daß das keine wesentliche Einschränkung darstellt, sondern nur gewisse Rechenvereinfachungen ermöglicht. (Überlegen Sie, wie man bei $n \geqq 100$ vorgehen könnte!) Wir erzeugen gleichverteilte Zufallszahlen $\xi_1, \xi_2, \dots$. Wir setzen $\xi_i' = [100\xi_i]$ für $i = 1, 2, \dots$. Der bei Division durch n verbleibende Rest von ξ_1' ist die erste Zahl der auszuwählenden Permutation; sollte der Rest gleich null sein, so nimmt man den Teiler n als diese Zahl. Die so ermittelte Zahl wird aus der Folge der Zahlen 1 bis n entfernt; die verbleibenden Zahlen werden den Speicherplätzen 1 bis $n - 1$[1]) zugeordnet, stimmen aber im allgemeinen nicht mit diesen Speicherplatznummern überein. Nun wird ξ_2' durch $n - 1$ geteilt; der Divisionsrest (bei 0 nehmen wir $n - 1$) gibt den Speicherplatz an, wo die nächste Zahl der auszuwählenden Reihenfolge zu finden ist. Man fährt fort, bis alle n Zahlen angeordnet sind; offenbar braucht man dieses Verfahren nur bis zur vorletzten Zahl durchzuführen, weil die letzte dann eindeutig bestimmt ist. Danach wird genauso eine zweite Reihenfolge ausgewählt usw. Die erwähnte Zuordnung zu Speicherplätzen erscheint zunächst etwas kompliziert, läßt sich aber in Rechenautomaten verhältnismäßig leicht realisieren.

1.3. Allgemeine Gesichtspunkte bei der Anwendung von Simulationsmethoden

1.3.1. Eine spezielle Aufgabenstellung

Wir betrachten in diesem Abschnitt zunächst eine sehr einfache Aufgabe der Simulation, nämlich die Berechnung eines bestimmten Integrals

$$\int_0^1 \varphi(x)\,dx$$

mittels gleichverteilter Zufallszahlen. Nehmen wir $0 \leqq \varphi(x) \leqq 1$ an, so ist das Integral durch den Inhalt einer Fläche gegeben, die ganz im Einheitsquadrat liegt (Bild 1.1). Man erzeugt gleichverteilte Zufallszahlen im Intervall [0, 1] und faßt je 2 zu den Koordinaten eines Punktes im Einheitsquadrat zusammen. Ist N die Gesamtzahl der so

[1]) Diese Numerierung muß nicht der Numerierung in der Rechenanlage entsprechen, sie wurde nur der Bequemlichkeit halber so gewählt.

erzeugten Punkte und $M(N)$ die Zahl derjenigen Punkte davon, die innerhalb oder auf dem Rand der zu berechnenden Fläche liegen, so folgt nach der Statistischen Wahrscheinlichkeitsdefinition (vgl. Bd. 17), daß

$$\int_0^1 \varphi(x)\,dx \approx \frac{M(N)}{N}$$

gilt. Die Bestimmung von $M(N)$ ist sehr einfach. Hat man einen Punkt (ξ_k, ξ_{k+1}), so wird $M(N)$ genau dann um 1 erhöht, wenn $\xi_{k+1} \leqq \varphi(\xi_k)$ gilt.

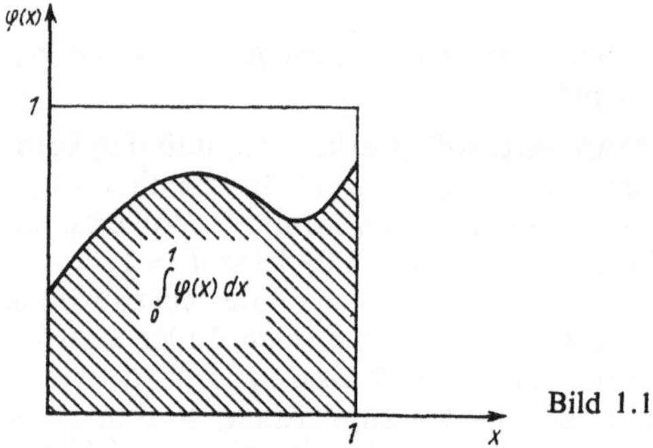

Bild 1.1

Obwohl die Berechnung eines bestimmten Integrals keine typische Aufgabe der Simulation darstellt, kann man daran – wie im folgenden noch näher ausgeführt wird – wichtige Gesichtspunkte erkennen. Im übrigen sind aber natürlich die wesentlichen Elemente unserer Definition gegeben (inwiefern?).

1.3.2. Bemerkungen zur Anzahl der erforderlichen Zufallszahlen

Wir wollen uns nun eine Vorstellung von der Anzahl der benötigten Zufallszahlen verschaffen, um eine bestimmte Genauigkeit zu erreichen. Die Benutzung von Zufallszahlen liefert eine Fehlerabschätzung in Form einer Wahrscheinlichkeitsaussage. Wir benutzen dazu die Tschebyscheffsche Ungleichung (vgl. Bd. 17)

$$P\{|X - E(X)| \leqq K\} \geqq 1 - \frac{\sigma^2(X)}{K^2},$$

wobei X eine Zufallsgröße, $E(X)$ bzw. $\sigma^2(X)$ deren Erwartungswert bzw. Varianz und K eine willkürliche Konstante bezeichnen. Ist p der gesuchte Flächeninhalt, so genügen die Versuchsergebnisse, die in der zufälligen Erzeugung von Punkten bestehen, offensichtlich einer binomischen Verteilung mit dem Parameter p (warum?). Die Wahrscheinlichkeit, daß von n Punkten genau k innerhalb der gesuchten Fläche liegen, ist $P_n(k) = \binom{n}{k} p^k(1-p)^{n-k}$. Wegen $E(X) = np$ und $\sigma^2(X) = np(1-p)$ ergibt sich aus der Tschebyscheffschen Ungleichung mit $K = \varepsilon \cdot n$

$$P\left\{\left|\frac{X}{n} - p\right| \leqq \varepsilon\right\} \geqq 1 - \frac{p(1-p)}{\varepsilon^2 n},$$

und $\frac{X}{n}$ entspricht unserem Näherungswert $\frac{M(N)}{N}$. Mit $p = \frac{1}{2}$ und $\varepsilon = 0{,}01$ hat man

$$P\left\{\left|\frac{X}{n} - p\right| \leqq 0{,}01\right\} \geqq 1 - \frac{10^4}{4n}.$$

Will man nun die Genauigkeit auf 2 Dezimalen mit einer Wahrscheinlichkeit von 0,99 erreichen, so folgt aus $1 - \frac{10^4}{4n} = 0{,}99$ unmittelbar $n = \frac{1}{4}10^6$, und man muß also $5 \cdot 10^5$ Zufallszahlen erzeugen, weil diese Zahl doppelt so groß wie n ist.

1.3.3. Vergleich mit anderen Methoden

Vergleicht man diesen Aufwand mit einem expliziten numerischen Integrationsverfahren, etwa der Trapezregel, so ist die Simulation sehr uneffektiv. Das ändert sich allerdings schnell, wenn man mehrfache Integrale zu berechnen hat. Beachtet man die Deutung eines K-fachen Integrals als ein Volumen im $(K + 1)$-dimensionalen Raum, so liegt die Übertragung des Simulationsverfahrens unmittelbar auf der Hand. Zur Festlegung eines Punktes im $(K + 1)$-dimensionalen Raum benötigt man $K + 1$ Zufallszahlen; aber die Abschätzungen gemäß der Tschebyscheffschen Ungleichung bleiben erhalten. Somit steigt der Aufwand im wesentlichen linear mit der Dimension; von der Form des Integranden als Funktion mehrerer Variabler wird dabei abgesehen. Betrachtet man dagegen die Verallgemeinerung der Trapezregel, so benötigt man m^K Stützstellen, wenn man für jede Variable m Werte benutzt; hier liegt also eine exponentielle Steigerung vor. Trägt man die Rechenaufwände über der Dimension auf, wie das in Bild 1.2 geschehen ist, so erkennt man, daß die Simulation bei

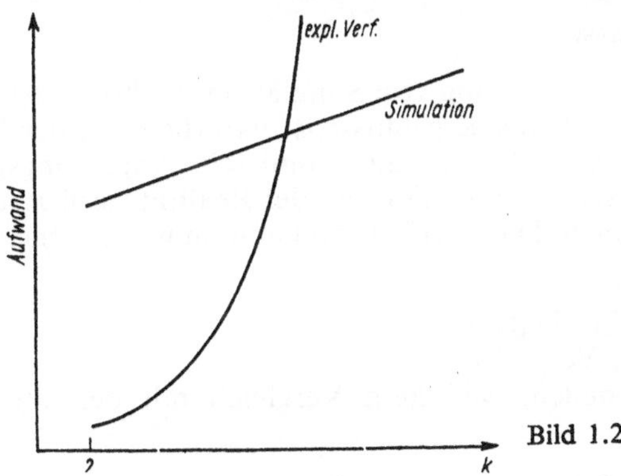

Bild 1.2

kleinem K gegenüber den expliziten Verfahren äußerst uneffektiv ist, aber bei größeren K wesentlich besser abschneidet. Bei großen Dimensionen kann die Simulation bei erträglichem Rechenaufwand noch brauchbare Näherungswerte liefern, während die expliziten Verfahren schon lange versagen. Wie weit man mit der Simulation gehen kann, hängt dabei natürlich von der verfügbaren Rechenanlage ab.

Die Praxis zeigt, daß dieses Verhalten der Simulationsverfahren nicht nur bei der Berechnung mehrfacher Integrale auftritt, sondern typisch ist: *Bei einfachen Auf-*

gaben sind explizite Verfahren vorzuziehen, bei umfangreichen und komplexen Problemen kann die Simulation aber Lösungen liefern, wenn die expliziten Methoden wegen zu hohen Aufwandes versagen. Darüber hinaus könnte natürlich bei komplizierten Problemen der Fall eintreten, daß überhaupt keine expliziten Methoden verfügbar sind, sondern die Simulation die einzig mögliche Vorgehensweise darstellt und damit gleichberechtigt neben anderen Methoden steht.

Es muß allerdings ausdrücklich darauf hingewiesen werden, daß die Simulation kein „Allheilmittel" ist, mit dem man alle anstehenden Probleme lösen kann. Es ist durchaus möglich, daß auch die Simulation einen zu großen Aufwand erfordert oder kein Modell vorliegt, das die Realität hinreichend genau widerspiegelt.

1.3.4. Anpassungsarbeit

Wir kommen damit zu dem wichtigen Problem der Anpassungsarbeit. Wenn auch im Zusammenhang mit den zu behandelnden Beispielen hierzu noch einiges gesagt werden wird, so erscheint es doch notwendig und nützlich, einige grundlegende und allgemeine Gesichtspunkte voranzustellen. Es wird vielfach die Meinung vertreten, daß die in der Literatur angegebenen Beispiele wenig nützen, weil jedes Problem anders geartet ist, und man doch jedesmal von vorn anzufangen hat. In vielen Fällen dürfte diese Auffassung darin begründet sein, daß man dem praktischen Tatbestand mehr Aufmerksamkeit schenkt als dem mathematischen oder der Problemstruktur. Es ist natürlich richtig, daß man die Simulation wegen der großen Breite der Anwendungsmöglichkeiten im wesentlichen an Beispielen darstellen muß (und wir tun das im folgenden ebenfalls), aber der Leser erkennt doch an den Beispielen viele nützliche Gesichtspunkte, die er bei seinen Problemen verwerten kann.

1.3.5. Einschätzung der Ergebnisse

Ein wesentlicher Punkt bei der Anwendung von Simulationsmethoden ist auch die Einschätzung der Ergebnisse. Die Güte der Ergebnisse ist natürlich von der Genauigkeit und Adäquatheit des Modells abhängig und somit ein Anpassungsproblem. Das Modell muß durch Vergleich seiner Ergebnisse mit der Realität verifiziert werden, um seine Güte einschätzen zu können. Die Verifikation kann im wesentlichen auf drei Arten erfolgen, und zwar durch

(1) direkten Vergleich mit der Wirklichkeit,
(2) Auswahl gewisser Daten zum Vergleich,
(3) Vergleich mit ähnlichen Modellen, weil kein Vergleich mit der Wirklichkeit möglich ist.

Die Sicherheit ist in dieser Reihenfolge abnehmend. Die ersten beiden Möglichkeiten scheitern vielfach daran, daß man in realen Systemen nicht beliebig experimentieren kann, ohne den Ablauf empfindlich zu stören. Es gibt aber auch Fälle, wo eine Verifikation völlig unproblematisch ist, nämlich z.B. dann, wenn das Modell auf rein mathematischen Überlegungen beruht, wie im Falle der Berechnung bestimmter Integrale oder in dem später zu betrachtenden Reihenfolgeproblem. Im ersteren Fall ist das „Modell" die statistische Definition der Wahrscheinlichkeit, im letzteren Fall die Formel für die Gesamtdurchlaufzeit in Abhängigkeit von den einzelnen Bearbeitungszeiten.

Ein weiteres wichtiges Problem im Zusammenhang mit der Anpassungsarbeit ist die Frage, wie weit man in Einzelheiten gehen soll. Die Simulation ist ja in jedem Fall mit hohem Rechenaufwand verbunden, und die Entscheidung darüber, ob sich die Berücksichtigung gewisser Details lohnt und in einem vernünftigen Verhältnis zum Mehraufwand steht, erscheint daher besonders wichtig. Als Faustregel mag hier gelten: *Das Modell ist so grob wie möglich zu entwerfen.* Die Verwirklichung erscheint auf den ersten Blick schwierig, ist es aber nicht. Man kann nämlich stets mit möglichst einfachen Modellen beginnen und diese nach und nach verfeinern, solange die Verifikation unbefriedigend ausfällt. Die „Kehrseite" dieses Vorgehens ist allerdings, daß ein Simulationsmodell in vielen Fällen eigentlich nie „fertig" wird. Auch diese Betrachtungen zeigen den mitunter beträchtlichen Arbeitsaufwand bis zu dem gewünschten Erfolg und führen zu der Schlußfolgerung, daß man nur wichtige und lohnende Aufgaben in Angriff nehmen sollte. In jedem Fall erscheint es ratsam, einen auf diesem Gebiet erfahrenen Mathematiker zu konsultieren.

Einige Möglichkeiten zur Verringerung des Aufwandes werden im folgenden Abschnitt allerdings noch angegeben.

1.4. Möglichkeiten zur Erhöhung der Effektivität

Wir haben gesehen, daß der Aufwand bei Monte-Carlo-Simulationen doch verhältnismäßig hoch ist. Durch Vergrößerung des Stichprobenumfanges läßt sich zwar die Genauigkeit erhöhen, doch kann man hier natürlich nicht beliebig weit gehen. Man kann aber den Fehler einer Monte-Carlo-Rechnung auch durch eine geschickte Organisation der Rechnung herabsetzen, indem man den Zufall „manipuliert".

Zur Beschreibung solcher Techniken benutzen wir wieder die Berechnung eines einfachen Integrals

$$I = \int_0^1 f(x)\,dx.$$

Wir versuchen zunächst, uns ein Maß zum Vergleich mehrerer Methoden zu verschaffen. Zwei zu vergleichende Methoden mögen n_1 bzw. n_2 Einheiten an Rechenzeit benötigen und die erhaltenen Schätzungen von I sollen dann die Varianzen σ_1^2 bzw. σ_2^2 haben. Die Wirksamkeit der Methode 2 bezüglich Methode 1 ist $\frac{n_1\sigma_1^2}{n_2\sigma_2^2}$, und dabei heißt $\frac{n_1}{n_2}$ *Aufwandskoeffizient* und $\frac{\sigma_1^2}{\sigma_2^2}$ *Varianzkoeffizient.*

1.4.1. Gewöhnliche Monte-Carlo-Methode

Gegenüber der bereits genannten Möglichkeit der Berechnung des Integrals läßt sich das Verfahren zunächst erst einmal noch wirksamer gestalten, indem man die Zufallszahlen auf eine andere Art benutzt. Es seien $\xi_1, \ldots, \xi_n$ gleichverteilte Zufallszahlen; dann sind $f_i = f(\xi_i)$ unabhängige Zufallsgrößen mit dem Erwartungswert I, d.h., eine Schätzung von I ist durch $\bar{f} = \frac{1}{n}\sum_{i=1}^{n} f_i$ gegeben, und für die Varianz gilt

$$\frac{1}{n}\int_0^1 (f(x) - I)^2\,dx = \sigma^2_{\bar{f}}.$$

Bei praktischen Aufgaben muß man das σ^2 über die Stichprobenvarianz gemäß

$$s^2 = \frac{1}{n-1} \sum_{i=1}^{n} (f_i - \bar{f})^2$$

schätzen. Dieses Vorgehen wird in der Literatur mitunter als *gewöhnliche Monte-Carlo-Methode* bezeichnet.

Es zeigt sich, daß das eben genannte Verfahren gegenüber dem früher geschilderten einen Wirksamkeitsfaktor von 3 hat.

Wir wollen nun einige weitere Möglichkeiten zur Erhöhung der Effektivität betrachten.

1.4.2. Geteilte Stichproben

Der Integrationsbereich wird in Intervalle unterteilt, etwa $\alpha_{j-1} \leqq x \leqq \alpha_j$, wobei $0 = \alpha_0 < \alpha_1 < \cdots < \alpha_k = 1$ gilt, und die Berechnung wird für jedes Intervall getrennt durchgeführt; die Zufallszahlen des j-ten Intervalls seien ξ_{ij}. Die Schätzgröße ist

$$F = \sum_{j=1}^{k} \sum_{i=1}^{n_j} (\alpha_j - \alpha_{j-1}) \frac{1}{n_j} f(\alpha_{j-1} + (\alpha_j - \alpha_{j-1}) \xi_{ij}),$$

wobei n_j die (vorher) festgelegten Anzahlen ausgewählter Zufallszahlen im Intervall j bezeichnen. Die Varianz dieser Schätzgröße ist

$$\sigma_F^2 = \sum_{j=1}^{k} \frac{\alpha_j - \alpha_{j-1}}{n_j} \int_{\alpha_{j-1}}^{\alpha_j} [f(x)]^2 \, dx - \sum_{j=1}^{k} \frac{1}{n_j} \left\{ \int_{\alpha_{j-1}}^{\alpha_j} f(x) \, dx \right\}^2.$$

Diese Varianz ist kleiner als $\sigma_{\bar{f}}^2$ mit $n = \sum n_j$, wenn die Unterteilung in Intervalle so durchgeführt wird, daß die Differenzen zwischen den Mittelwerten von f in den Teilintervallen größer als die Variationen von f in den Teilen sind.

Sind die Teilpunkte festgelegt, so ist es günstig, die Zufallszahlen in den Intervallen so zu verteilen, daß n_j^2 proportional zu

$$(\alpha_j - \alpha_{j-1}) \int_{\alpha_{j-1}}^{\alpha_j} [f(x)]^2 \, dx - \left\{ \int_{\alpha_{j-1}}^{\alpha_j} f(x) \, dx \right\}^2$$

ausfällt.

Die Teilpunkte α_j kann man im einfachsten Falle gleich $\frac{j}{k}$ setzen, d.h., die Teilintervalle sind gleich lang. Günstiger ist allerdings eine solche Unterteilung, daß die Variation von f in jedem Teilintervall gleich ist.

Es zeigt sich, daß diese Methode etwa 10mal so wirksam wie die gewöhnliche Monte-Carlo-Methode ist.

Die Schätzung des Standardfehlers muß nach den folgenden Beziehungen vorgenommen werden:

$$s_F^2 = \sum_{j=1}^{k} \frac{(\alpha_j - \alpha_{j-1})^2}{n_j(n_j - 1)} \sum_{i=1}^{n_j} (f_{ij} - \bar{f}_j)^2,$$

wobei

$$f_{ij} = f(\alpha_{j-1} + (\alpha_j - \alpha_{j-1}) \xi_{ij}), \quad \bar{f}_j = \frac{1}{n_j} \sum_{i=1}^{n_j} f_{ij}$$

gilt.

1.4.3. Gewichtete Stichprobenauswahl

Man setzt

$$I = \int_0^1 f(x)\,\mathrm{d}x = \int_0^1 \frac{f(x)}{p(x)}\,p(x)\,\mathrm{d}x = \int_0^1 \frac{f(x)}{p(x)}\,\mathrm{d}G(x),$$

wobei $G(x) = \int_0^x p(y)\,\mathrm{d}y$ ist. I ist somit der Erwartungswert der Zufallsgröße $\dfrac{f(X)}{p(X)}$ bezüglich der Zufallsgröße X mit der Dichte $p(x)$. Mit $p > 0$ und $G(1) = \int_0^1 p(y)\,\mathrm{d}y = 1$ kann man G als Verteilungsfunktion auffassen. Sind nun $\eta_1, \eta_2, \ldots,$ Zufallszahlen, die der Verteilung p genügen, so hat $\dfrac{f(\eta_i)}{p(\eta_i)}$ den Erwartungswert I und die Varianz

$$\sigma_{f/p}^2 = \int_0^1 \left(\frac{f(x)}{p(x)} - I\right)^2 \mathrm{d}G(x).$$

Ist $f > 0$, so könnten wir $p = cf$ mit $c = \dfrac{1}{I}$ setzen, und man hätte $\sigma_{f/p}^2 = 0$, also eine „ideale" Monte-Carlo-Methode. Natürlich ist das praktisch nicht durchführbar, weil wir I kennen müßten, und dann brauchten wir keine Monte-Carlo-Methode mehr zu seiner Bestimmung.

Trotzdem kann man aber durch diese Überlegungen etwas verbessern. Was auch für eine positive Funktion gewählt wird, so erhalten wir stets eine erwartungstreue Schätzung von I, und wir können ein solches p wählen, das den Standardfehler unserer Schätzung verkleinert. Nach den obigen Überlegungen müßte p ähnlich wie f verlaufen, andererseits aber mit einer direkten Methode integrierbar sein, weil $\int_0^1 p(y)\,\mathrm{d}y = 1$ erfüllt sein muß. Das sind in gewissem Sinne entgegenlaufende Forderungen, wenn f sehr kompliziert ist.

Beispiel 1.2: Ist $f = \dfrac{e^x - 1}{e - 1}$, so können wir z.B. $p(x) = x$ nehmen. Wir finden hier gegenüber der gewöhnlichen Monte-Carlo-Methode einen Varianzkoeffizienten von 29 und einen Aufwandskoeffizienten von $\frac{1}{3}$, so daß wir einen Gesamtfaktor von etwa 10 erhalten.

Das Verfahren funktioniert im übrigen auch für unbeschränkte Integranden.

1.4.4. Regressionsmethoden

Hier betrachten wir zunächst eine allgemeinere Problemstellung. Es seien verschiedene zu schätzende Größen $\theta_1, \theta_2, \ldots, \theta_h$ gegeben und eine Menge $v_1, \ldots, v_n$ $(n \geqq h)$ von Schätzwerten mit der Eigenschaft

$$E[v_i] = x_{i1}\theta_1 + \cdots + x_{ih}\theta_h \quad (i = 1, \ldots, n), \tag{1.1}$$

wo E wie üblich den Erwartungswert bezeichnet und x_{ij} *bekannte* Konstanten sind. Eine erwartungstreue lineare Schätzung von $\boldsymbol{\theta} = (\theta_1, \ldots, \theta_h)$ mit Minimalvarianz ist

$$\mathbf{v}^* = (\mathbf{X}^T\mathbf{V}^{-1}\mathbf{X})^{-1}\mathbf{X}^T\mathbf{V}^{-1}\mathbf{v},$$

wo $\mathbf{X}$ die (n, h)-Matrix (x_{ij}), $\mathbf{V}$ die (n, n)-Kovarianzmatrix der v_i und $\mathbf{v} = (v_1, \ldots, v_n)$ bezeichnet. Außer $\mathbf{V}$ ist in dieser Formel alles bekannt. Nun betrachten wir mit einer anderen Kovarianzmatrix $\mathbf{V}_0$ die Schätzung

$$\mathbf{v}_0^* = (\mathbf{X}^T\mathbf{V}_0^{-1}\mathbf{X})^{-1}\mathbf{X}^T\mathbf{V}_0^{-1}\mathbf{v}. \tag{1.2}$$

Statt (1.1) können wir auch schreiben $E[\mathbf{v}] = \mathbf{X}\boldsymbol{\theta}$, und da $\mathbf{v}_0^*$ linear in $\mathbf{v}$ ist, so folgt

$$\begin{aligned} E[\mathbf{v}_0^*] &= E[(\mathbf{X}^T\mathbf{V}_0^{-1}\mathbf{X})^{-1}\mathbf{X}^T\mathbf{V}_0^{-1}\mathbf{v}] = (\mathbf{X}^T\mathbf{V}_0^{-1}\mathbf{X})^{-1}\mathbf{X}^T\mathbf{V}_0^{-1}E[\mathbf{v}] \\ &= (\mathbf{X}^T\mathbf{V}_0^{-1}\mathbf{X})^{-1}\mathbf{X}^T\mathbf{V}_0^{-1}\mathbf{X}\boldsymbol{\theta} = \boldsymbol{\theta}. \end{aligned}$$

$\mathbf{v}_0^*$ ist also auch erwartungstreue Schätzung von $\boldsymbol{\theta}$, was auch für ein $\mathbf{V}_0$ benutzt wird; bei $\mathbf{V}_0 \neq \mathbf{V}$ liegt allerdings keine Schätzung mit Minimalvarianz vor. Wenn also $\mathbf{V}$ unbekannt ist, können wir es durch eine Schätzung $\mathbf{V}_0$ ersetzen.

In der Praxis werden dann N unabhängige Mengen von Schätzungen $v_1, \ldots, v_n$, die mit $v_{1k}, \ldots, v_{nk}$ $(k = 1, \ldots, N)$ bezeichnet seien, benutzt und die v_{ij} werden durch

$$v_{ij}^0 = \frac{1}{N-1} \sum_{k=1}^{N} (v_{ik} - \bar{v}_i)(v_{jk} - \bar{v}_j)$$

mit $\bar{v}_i = \frac{1}{N} \sum_{k=1}^{N} v_{ik}$ geschätzt.

Man setzt dann $\mathbf{V}_0 = (v_{ij}^0)$ und benutzt (1.2) als Schätzung für $\boldsymbol{\theta}$.

Ein Spezialfall, der zur Berechnung eines bestimmten Integrales benutzt werden kann, soll im folgenden betrachtet werden. Wir suchen zu einer Schätzung v eine andere Schätzung v', die denselben (unbekannten) Erwartungswert wie v besitzt und mit v stark negativ korreliert ist. Dann ist $\frac{1}{2}(v + v')$ eine erwartungstreue Schätzung von θ mit

$$\sigma^2[\tfrac{1}{2}(v + v')] = \tfrac{1}{4}\sigma^2(v) + \tfrac{1}{4}\sigma^2(v') + \tfrac{1}{2} \operatorname{cov}(v, v').$$

Durch geeignete Wahl von v' kann $\sigma^2[\frac{1}{2}(v + v')]$ unter Umständen kleiner als $\sigma^2(v)$ ausfallen.

Als Beispiel betrachten wir Zufallszahlen ξ, die im Intervall $[0, 1]$ gleichverteilt sind. Dasselbe gilt dann für $1 - \xi$, und wenn f monoton ist, sind $f(\xi)$ und $f(1 - \xi)$ negativ korreliert. Wir können dann $\frac{1}{2}(v + v') = \frac{1}{2}f(\xi) + \frac{1}{2}f(1 - \xi)$ als Schätzung für $\theta = \int_0^1 f(x)\,dx$ nehmen und erhalten eine 30fache Verbesserung zur gewöhnlichen Monte-Carlo-Methode.

Haben wir n Schätzungen eines einfachen Parameters, so wird die Matrix $\mathbf{X}$ zum Spaltenvektor $\mathbf{x}$, und in vielen Spezialfällen sind alle Elemente von $\mathbf{x}$ gleich 1. So sind z. B.

$$v_1 = \tfrac{1}{2}f(\xi) + \tfrac{1}{2}f(1 - \xi),$$

$$v_2 = \tfrac{1}{4}f(\tfrac{1}{2}\xi) + \tfrac{1}{4}f(\tfrac{1}{2} - \tfrac{1}{2}\xi) + \tfrac{1}{4}f(\tfrac{1}{2} + \tfrac{1}{2}\xi) + \tfrac{1}{4}f(1 - \tfrac{1}{2}\xi)$$

erwartungstreue Schätzungen des Integrals $\theta = \int_0^1 f(x)\,dx$. Wir haben hier den speziellen Fall $h = 1$, $n = 2$, $\mathbf{x} = \begin{pmatrix} 1 \\ 1 \end{pmatrix}$.

Beispiel 1.3: Es sei wieder $f(x) = \frac{e^x - 1}{e - 1}$, wofür $\int_0^1 f(x)\,dx = 0{,}4180227$ gilt. Dann erhält man[1]) etwa mit $N = 100$ $\bar{v}_1 = 0{,}4218353$ und $\bar{v}_2 = 0{,}4189959$.

Die Stichprobe liefert weiter

$$V_0 = (v_{ij}^0) = \begin{pmatrix} 0{,}00131493 & 0{,}00033449 \\ 0{,}00033449 & 0{,}0008509 \end{pmatrix},$$

und wir erhalten $v_0^* = 0{,}4180273$, was dem tatsächlichen Wert wesentlich besser entspricht als $\bar{v}_1$ oder $\bar{v}_2$.

Obwohl wir die Methoden zur Effektivitätserhöhung nur an der Berechnung von Integralen erläutert haben, sind sie oft auch bei anderen Aufgaben brauchbar. Man muß sich dazu nur vor Augen halten, daß Monte-Carlo-Methoden bzw. Simulationen im Grunde genommen weiter nichts als Verfahren darstellen, unbekannte Werte von Parametern gewisser Verteilungen über Stichproben zu schätzen, und daß die Überlegungen auch auf andere Schätzprobleme zu übertragen sind.

Zum Schluß wollen wir noch einmal die wesentlichen Überlegungen und Gesichtspunkte zusammenfassen, die bei der Anwendung von Simulationsverfahren zu beachten sind.

1. Analyse des Problems: Zusammenstellung der gegebenen und gesuchten Daten, Festlegung des Ziels der Untersuchung.
2. Modellierung der Aufgabe.
3. Auswahl des Lösungsverfahrens.
4. Überlegungen zur Effektivität der Simulationsverfahren und falls vorhanden expliziter Verfahren. Rechen-, Zeit- und Kostenaufwand gegenüberstellen; evtl. Möglichkeiten zur Verringerung des Rechenaufwandes berücksichtigen.
5. Programmierung, Rechnung, Auswertung.
   Möglicherweise Modellverbesserung und erneuter Beginn bei 3.

[1]) Zahlenwerte aus [4].

2. Beispiele

2.1. Mathematische Probleme

2.1.1. Berechnung bestimmter Integrale

Zur Berechnung bestimmter Integrale werden zwei Verfahren angegeben. Das erste hängt mit der Berechnung der Häufigkeit zusammen, mit der eine zufällige Größe in ein vorgegebenes Intervall fällt. Das zweite beruht auf der Berechnung des Mittelwertes einer Funktion von einer zufälligen Variablen.

Zu berechnen ist das Integral

$$I = \int_a^b h(x)\,\mathrm{d}x, \tag{2.1}$$

wobei $h(x)$ eine im Intervall $[a, b]$ beschränkte, nichtnegative integrierbare Funktion ist. Die Berechnung geschieht unter Zurückführung auf ein Integral der Form

$$I = \int_0^1 \varphi(x)\,\mathrm{d}x \tag{2.2}$$

mit $0 \leqq \varphi(x) \leqq 1$ im Intervall $[0, 1]$. In 1.3.1. wurde bereits gezeigt, wie Integrale dieser Art mit Monte-Carlo-Simulationen (manchmal auch als Methoden der statistischen Versuche bezeichnet) näherungsweise berechnet werden können. Man setzt zunächst

$$m = \min_{x \in [a,b]} h(x); \qquad M = \max_{x \in [a,b]} h(x).$$

Mit Hilfe der Variablentransformation

$$x = a + (b - a)\,z$$

läßt sich das zu berechnende Integral (2.1) auf die Form

$$I = (b - a) \int_0^1 h[a + (b - a)\,z]\,\mathrm{d}z$$

bringen. Durch einfache Umformungen, die eine Maßstabsänderung bewirken, erhält man

$$I = (M - m)(b - a) \int_0^1 \frac{h[a + (b - a)\,z] - m}{M - m}\,\mathrm{d}z + (b - a)\,m. \tag{2.3}$$

Führt man für den Integranden von (2.3) die Bezeichnung $h^*(z)$ ein, so folgt

$$I = (M - m)(b - a) \int_0^1 h^*(z)\,\mathrm{d}z + (b - a)\,m.$$

Man erkennt unmittelbar, daß für $z \in [0, 1]$ $0 \leqq h^*(z) \leqq 1$ gilt. Damit ist die Berechnung des Integrals (2.1) auf den bereits betrachteten Fall (2.2) zurückgeführt.

Diese Methode läßt sich auf die Bestimmung mehrfacher Integrale verallgemeinern. Zu berechnen ist das Integral

$$I = \int\int_{\Omega} \cdots \int h(x_1, \cdots, x_n)\, dx_1 \cdots dx_n \tag{2.4}$$

über einen beschränkten und abgeschlossenen Bereich Ω. Ω liege in dem n-dimensionalen Quader $[a_i, b_i]$, $i = 1, \ldots, n$. Mittels der Transformation

$$x_i = a_i + (b_i - a_i)\, z_i, \qquad i = 1, \ldots, n,$$

erhält man aus (2.4)

$$I = \prod_{i=1}^{n} (b_i - a_i) \int\int_{\omega} \cdots \int h[a_1 + (b_1 - a_1)\, z_1, \ldots, a_n + (b_n - a_n)\, z_n]\, dz_1 \cdots dz_n .$$

Hierbei liegt der transformierte Integrationsbereich ω im n-dimensionalen Einheitswürfel. Durch eine Maßstabsänderung erhält man, wenn mit M bzw. m der größte bzw. kleinste Wert von h in Ω bezeichnet wird,

$$I = (M - m) \prod_{i=1}^{n} (b_i - a_i) \int\int_{\omega} \cdots \int \frac{h[a_1 + (b_1 - a_1)\, z_1, \ldots] - m}{M - m} \times dz_1 \cdots dz_n + \bar{\omega} m$$

oder mit einer entsprechenden Änderung der Bezeichnungsweise

$$I = (M - m) \prod_{i=1}^{n} (b_i - a_i) \int\int_{\omega} \cdots \int h^*(z_1, \cdots, z_n)\, dz_1 \ldots dz_n + \bar{\omega} m, \tag{2.5}$$

wo $\bar{\omega}$ der Inhalt des Bereiches ω ist. Das Integral in (2.5) kann als Volumen V eines Körpers im Einheitswürfel des $(n + 1)$-dimensionalen Raumes gedeutet werden.

Das Integral

$$I^* = \int\int_{\omega} \cdots \int h^*(z_1, \ldots, z_n)\, dz_1 \ldots dz_n \tag{2.6}$$

läßt sich mittels Anwendung der Simulation auf folgende Weise näherungsweise bestimmen. Es werden N statistische Versuche durchgeführt, wobei bei der Festlegung von N zu berücksichtigen ist, daß die Zahl der statistischen Versuche gemäß den Darlegungen in 1.3.2. die Genauigkeit des Ergebnisses beeinflußt. Zu jedem Versuch benötigt man $n + 1$ im Intervall $[0, 1]$ gleichverteilter Zufallszahlen $\xi_1, \xi_2, \ldots, \xi_n, \eta$. Diese bilden die Koordinaten eines Punktes $P^{(n+1)}$ des $(n + 1)$-dimensionalen Raumes. Bei jedem Versuch wird überprüft, ob $P^{(n+1)}$ dem Volumen V angehört. Ist M die Zahl der erfolgreichen Versuche

$$P^{(n+1)} = (\xi_1, \xi_2, \ldots, \xi_n, \eta) \in V, \tag{2.7}$$

dann entspricht M/N näherungsweise dem gesuchten Integralwert (2.6). Es gilt also

$$I^* \approx \frac{M}{N}.$$

(2.7) ist zu den beiden Beziehungen

$$\eta \leqq h^*(\xi_1, \ldots, \xi_n), \tag{2.8}$$

$$P^{(n)} = (\xi_1, \xi_2, \ldots, \xi_n) \in \omega \tag{2.8'}$$

äquivalent.
Fällt ω mit dem n-dimensionalen Einheitswürfel zusammen, so ist (2.8′) immer erfüllt, und es ist lediglich eine Überprüfung von (2.8) nötig. Der Sachverhalt wird durch die Bilder 2.1 und 2.1a veranschaulicht.

Es soll nun die zweite Methode zur Berechnung bestimmter Integrale betrachtet werden. Sie beruht auf der Bestimmung des Mittelwertes einer Zufallsgröße durch Simulation. In 1.4. wurde dieser Gedanke bereits aufgegriffen, um die Effektivität der Simulation zu erhöhen (gewichtete Stichprobenwahl).

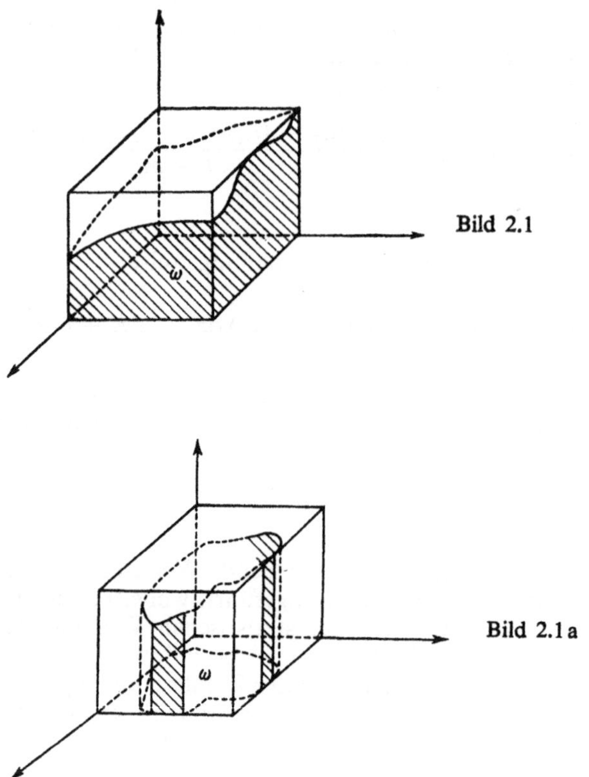

Bild 2.1

Bild 2.1a

Gegeben ist eine im Intervall $[a, b]$ integrierbare Funktion $f(x)$. Bestimmt werden soll

$$I = \int_a^b f(x)\,\mathrm{d}x. \tag{2.9}$$

Man wählt in $[a, b]$ eine beliebige stetige Zufallsgröße Y mit einer Dichte $p(x) > 0$. Dann wird X mit

$$X = g(Y) = \frac{f(Y)}{p(Y)} \tag{2.10}$$

ebenfalls eine Zufallsvariable.

Aus der Wahrscheinlichkeitstheorie ist bekannt, daß der Erwartungswert von X durch

$$E(X) = \int_a^b \frac{f(x)}{p(x)} p(x)\,\mathrm{d}x = \int_a^b f(x)\,\mathrm{d}x$$

gegeben ist. Das bestimmte Integral (2.9) kann somit durch Ermittlung von $E(X)$ gemäß

$$E(X) = E(g(Y)) = E\left(\frac{f(Y)}{p(Y)}\right) \tag{2.11}$$

berechnet werden. Aus den Betrachtungen ist zu ersehen, daß die Integrationsgrenzen von (2.9) nicht endlich sein müssen. Die Methode eignet sich demnach auch für uneigentliche Integrale. $E(X)$ kann näherungsweise durch Simulation bestimmt werden. Es werden N gleichverteilte Zufallszahlen $\xi_1, \xi_2, \ldots, \xi_N$ erzeugt. Aus

$$\int_0^{\eta_i} p(x)\,\mathrm{d}x = \xi_i \qquad (i = 1, \ldots, N) \tag{2.12}$$

ermittelt man N nach $p(x)$ verteilten Zufallszahlen $\eta_1, \eta_2, \ldots, \eta_N$ (vgl. hierzu Abschnitt 1.2.). Dann folgt

$$I = E(X) \approx \frac{1}{N} \sum_{i=1}^{N} \frac{f(\eta_i)}{p(\eta_i)}.$$

Es ist zu erwarten, daß bei gleicher Anzahl statistischer Versuche N die Wahl von $p(x)$ einen Einfluß auf die Genauigkeit des Ergebnisses hat. Die gewichtete Stichprobenauswahl drückt sich in einer geschickten Wahl dieser Dichtefunktion aus (vgl. Abschnitt 2.4.).

Für

$$p(x) = \frac{|f(x)|}{\int_a^b |f(x)|\,\mathrm{d}x}, \quad a \leqq x \leqq b, \tag{2.13}$$

wird die Varianz $\sigma^2(X)$ minimal; denn es ist

$$\sigma^2(X) = E(X^2) - (E(X))^2 = \int_a^b \frac{f^2(x)}{p(x)}\,\mathrm{d}x - I^2. \tag{2.14}$$

Aus der Analysis ist bekannt, daß für zwei Funktionen $u(x)$, $v(x)$ die Ungleichung

$$\left(\int_a^b |uv|\,\mathrm{d}x\right)^2 \leqq \int_a^b u^2\,\mathrm{d}x \int_a^b v^2\,\mathrm{d}x \quad \text{(Schwarz-Bunjakowski)}$$

gilt. Mit $u = f(x)/\sqrt{p(x)}$, $v = \sqrt{p(x)}$ erhält man

$$\left[\int_a^b |f(x)|\,\mathrm{d}x\right]^2 \leqq \int_a^b \frac{f^2(x)}{p(x)}\,\mathrm{d}x \int_a^b p(x)\,\mathrm{d}x = \int_a^b \frac{f^2(x)}{p(x)}\,\mathrm{d}x.$$

Unter Berücksichtigung von (2.14) folgt

$$\sigma^2(X) \geqq \left[\int_a^b f(x)\,\mathrm{d}x\right]^2 - I^2. \tag{2.15}$$

Wird $p(x)$ entsprechend (2.13) festgelegt, gilt in (2.15) das Gleichheitszeichen.

Wählt man somit $p(x)$ proportional zu $|f(x)|$, ist die Genauigkeit des Simulationsergebnisses am größten. Die Dichte (2.13) selbst läßt sich natürlich nicht bestimmen, da der Integralwert

$$\int_a^b |f(x)|\,\mathrm{d}x$$

ebenfalls unbekannt ist. Stehen jedoch mehrere Dichtefunktionen zur Auswahl, wird man sich für jene entscheiden, die der genannten Forderung der Proportionalität am besten entspricht.

Beispiel 2.1: Zur Veranschaulichung dieser Darlegungen wird das folgende aus [8] entnommene Zahlenbeispiel betrachtet. Zu berechnen ist das Integral

$$I = \int_0^{\pi/2} \sin x\,\mathrm{d}x.$$

Y sei zunächst eine im Intervall $[0, \pi/2]$ gleichverteilte Zufallsgröße, also hat man

$$p(x) = \begin{cases} 2/\pi & \text{für } 0 \leqq x \leqq \pi/2, \\ 0 & \text{sonst} \end{cases}$$

Wegen (2.12) wird

$$\eta_i = \frac{\pi}{2}\xi_i$$

und

$$I \approx \frac{\pi}{2N}\sum_{i=1}^{N} \sin \eta_i. \tag{2.16}$$

$N = 10$ Zufallszahlen ξ_i sowie η_i und $\sin \eta_i$ sind in der folgenden Tabelle angegeben.

i	1	2	3	4	5	6	7	8	9	10
ξ_i	0,865	0,159	0,079	0,566	0,155	0,664	0,345	0,655	0,812	0,332
η_i	1,359	0,250	0,124	0,889	0,243	1,043	0,542	1,029	1,275	0,521
$\sin \eta_i$	0,978	0,247	0,124	0,776	0,241	0,864	0,516	0,857	0,957	0,498

Man erhält

$$I \approx 0{,}952.$$

Die Zufallsgröße Y mit der Dichte

$$p(x) = \begin{cases} 8x/\pi^2 & \text{für } x \in (0, \pi/2) \\ 0 & \text{sonst} \end{cases}$$

müßte zu einem wesentlich genaueren Ergebnis führen. Ein anschaulicher Vergleich (Bild 2.2) zeigt, daß die zweite Dichte der Forderung nach Proportionalität zu $|f(x)|$ besser entspricht. Die praktische Berechnung ergibt mit denselben Zufallszahlen $\xi_i (i = 1, \ldots, 10)$ unter Berücksichtigung von

$$\eta = \frac{\pi}{2}\sqrt{\xi}$$

und

$$I \approx \frac{\pi^2}{8N} \sum_{=1}^{N} \frac{\sin \eta_i}{\eta_i} \tag{2.17}$$

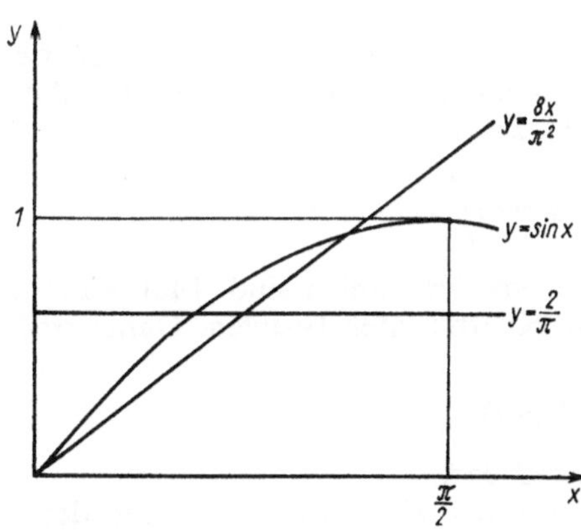

Bild 2.2

die folgenden Zahlenwerte:

i	1	2	3	4	5	6	7	8	9	10
ξ_i	0,865	0,159	0,079	0,566	0,155	0,664	0,345	0,655	0,812	0,332
η_i	1,461	0,626	0,442	1,182	0,618	1,280	0,923	1,271	1,415	0,905
$\frac{\sin \eta_i}{\eta_i}$	0,680	0,936	0,968	0,783	0,937	0,748	0,863	0,751	0,698	0,868

und

$$I \approx 1{,}016.$$

Wegen $\int_0^{\pi/2} \sin x \, dx = 1$ finden wir bestätigt, daß die Wahl der zweiten Dichte zu einem wesentlich besseren Resultat führt. (Man stelle Flußdiagramme auf!)

Ist ein n-faches Integral zu berechnen, wird man sich nicht in jedem Fall für die Anwendung der Simulation entscheiden. Die wesentliche Rechenarbeit liegt in der Bestimmung der Funktionswerte des Integranden an den Stützstellen. Es wurde schon in 1.4. darauf hingewiesen, daß der Rechenaufwand hierfür bei Anwendung direkter Methoden nach einer Potenzfunktion, bei der Simulation nur linear ansteigt. Die Simulation wird erst bei großer Dimensionszahl effektiv.

2.1.2. Eine Lösungsmethode für lineare Gleichungssysteme

Die Simulation kann auch effektiv bei der Lösung linearer Gleichungssysteme eingesetzt werden. Wir werden in den folgenden Ausführungen ein Verfahren erörtern, welches wegen der geringen Voraussetzungen eine sehr breite Anwendungsmöglichkeit besitzt.

Gegeben ist ein Gleichungssystem in der Form

$$\sum_{k=1}^{n} a_{ik} x_k = b_i \qquad (i = 1, 2, \dots, n) \tag{2.18}$$

bzw. in Vektorschreibweise

$$\mathbf{A}\mathbf{x} = \mathbf{b},$$

wobei $\mathbf{A} = (a_{ik})$ eine $(n \times n)$-Matrix, $\mathbf{x} = (x_k)$ und $\mathbf{b} = (b_i)$ n-dimensionale Spaltenvektoren sind. Es wird nur vorausgesetzt, daß das System eine eindeutige Lösung $\mathbf{x} = (x_k)$ besitzt. Die Auflösung des Systems (2.18) ist äquivalent der Aufgabe, das Minimum der quadratischen Form (vgl. Bd. 13)

$$V(x_1, \dots, x_n) = \sum_{i=1}^{n} c_i \left(\sum_{k=1}^{n} a_{ik} x_k - b_i \right)^2$$

aufzufinden, wobei $c_1, \dots, c_n$ beliebige positive Zahlen sind. Man kann sich leicht davon überzeugen, daß die x_k^2 positive Koeffizienten besitzen. Daher stellt die Ungleichung

$$V(x_1, \dots, x_n) \leqq D \quad \text{mit} \quad D > 0$$

geometrisch ein n-dimensionales Ellipsoid dar.

Die Koordinaten des Symmetriezentrums $\mathbf{x}^{(s)} = (x_k^s)$ sind mit der gesuchten Lösung $\bar{\mathbf{x}}$ identisch, denn im Punkt $\mathbf{x}^{(s)}$ nimmt V das Minimum an. Es gilt also

$$\mathbf{x}^{(s)} = \bar{\mathbf{x}}.$$

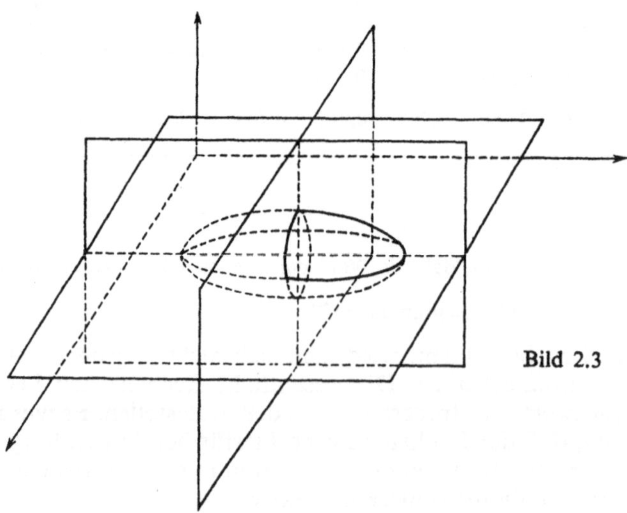

Bild 2.3

Das Volumen des n-dimensionalen Ellipsoides wird von jeder der n durch das Symmetriezentrum gehenden Hyperebenen

$$x_k = x_k^{(s)} \quad (k = 1, \dots, n),$$

die parallel zu den Koordinatenebenen liegen, halbiert (vgl. Bild 2.3 für den Fall $n = 3$).

Dieser Sachverhalt kann zur Bestimmung der Koordinaten des Symmetriezentrums ausgenutzt werden. Man wählt irgendein n-dimensionales Parallelepiped mit

$$E_i \leqq x_i \leqq F_i \quad (i = 1, 2, \dots, n),$$

in welchem das n-dimensionale Ellipsoid enthalten ist. Es werden insgesamt N Versuche durchgeführt. Zu jedem Versuch benötigt man eine Serie von n Zufallszahlen, die zu einem Zufallszahlenvektor

$$\xi^{(k)} = (\xi_1^{(k)}, \xi_2^{(k)}, \dots, \xi_i^{(k)}, \dots, \xi_n^{(k)}), \quad k = 1, 2, \dots, N,$$

zusammengefaßt werden. Dabei sind die $\xi_1^{(k)}$ im Intervall $[E_1, F_1]$, die $\xi_2^{(k)}$ im Intervall $[E_2, F_2]$ und allgemein die $\xi_i^{(k)}$ im Intervall $[E_i, F_i]$ gleichverteilte Zufallszahlen. Die Vektoren $\xi^{(k)}$ kann man als im m-dimensionalen Parallelepiped „gleichverteilte Punkte" auffassen. Uns interessieren davon nur die dem n-dimensionalen Ellipsoid angehörenden Punkte. Es werden also nur diejenigen $\xi^{(k')}$ mit

$$V(\xi_1^{(k')}, \dots, \xi_n^{(k')}) \leqq D$$

betrachtet. Ihre Zahl sei M. Bildet man die arithmetischen Mittelwerte

$$\bar{\xi}_1 = \frac{1}{M} \sum_{k'=1}^{M} \xi_1^{(k')}, \dots, \bar{\xi}_n = \frac{1}{M} \sum_{k'=1}^{M} \xi_n^{(k')},$$

so ist $\bar{\xi} = (\bar{\xi}_1, \bar{\xi}_2, \dots, \bar{\xi}_n)$ ein Näherungswert des gesuchten Symmetriezentrums und damit der Lösung des Gleichungssystems (2.18).

Die dargestellte Methode erfordert eine verhältnismäßig große Anzahl von Rechenoperationen, da man für jeden Zufallszahlenvektoren faktisch den Wert der quadratischen Form $V(x_1, x_2, \dots, x_n)$ berechnen muß. Außerdem werden von N Zufallszahlenvektoren nur M benutzt. Der eigentliche Wert der Methode besteht in ihrer Universalität. Man kann spezielle Zufallsprozesse (Markoffprozesse) konstruieren, die mit der Auflösung von algebraischen Gleichungssystemen zusammenhängen. Allerdings sind spezielle Voraussetzungen für die Matrix **A** nötig. Darauf beruhende Methoden sind z. B. in [3] dargestellt.

2.1.3. Lösung von Gleichungen

Es ist eine beliebige Gleichung $f(x) = 0$ vorgegeben und eine Wurzel b dieser Gleichung zu bestimmen. Es sei uns bekannt, daß im Intervall $[a, a + 1]$ eine Lösung existiert. Es gilt also

$$f(b) = 0 \quad \text{für ein } b \in [a, a + 1]. \tag{2.19}$$

Weiterhin wird vorausgesetzt, daß die Funktion $y = f(x)$ in $[a, a + 1]$ monoton wächst und eine differenzierbare Umkehrfunktion $x = \varphi(y)$ besitzt. X sei eine im Intervall $[a, a + 1]$ gleichverteilte Zufallsgröße.

Es läßt sich zunächst zeigen, daß die Wurzel b in der Form

$$b = a + P[f(X) < 0] \tag{2.20}$$

dargestellt werden kann. Anschließend bereitet es keine Schwierigkeiten, den Wert mit Hilfe der Methode der statistischen Versuche näherungsweise zu berechnen. Wenden wir uns zunächst dem Beweis der Gültigkeit von (2.20) zu. Gemäß der Definition der Verteilungsfunktion einer Zufallsgröße gilt speziell für X:

$$P(X < b) = \int_a^b 1 \, \mathrm{d}x, \qquad b \in [a, a + 1]. \tag{2.21}$$

Wir führen die Substitution $x = \varphi(y)$ aus und erhalten aus (2.21)

$$P(X < b) = \int_{f(a)}^{f(b)} \varphi'(y) \, \mathrm{d}y. \tag{2.22}$$

Da f nach Voraussetzung eine monoton wachsende Funktion ist, gilt $P(X < b) = P[f(X) < f(b)]$, und es folgt aus (2.22)

$$P[f(X) < f(b)] = \int_{f(a)}^{f(b)} \varphi'(y) \, \mathrm{d}y.$$

Wegen $f(b) = 0$ folgt

$$P[f(X) < 0] = \int_{f(a)}^{0} \varphi'(y) \, \mathrm{d}y.$$

Die Integration ergibt

$$P[f(X) < 0] = \varphi(0) - \varphi[f(a)].$$

Wegen $\varphi[f(a)] = a$ und $\varphi(0) = b$ folgt aus der letzten Gleichung (2.20).

Zur näherungsweisen Berechnung von $P[f(X) < 0]$ werden N statistische Versuche durchgeführt. Für jeden Versuch erzeugt man eine in $[a, a + 1]$ gleichverteilte Zufallszahl ξ_i und überprüft anschließend, ob die Beziehung $f(\xi_i) < 0$ erfüllt ist. Bezeichnet M die Anzahl der positiv ausgehenden Versuche, so folgt

$$P[f(X) < 0] \approx \frac{M}{N}.$$

Beispiel 2.2: Wir betrachten die positive Wurzel der quadratischen Gleichung

$$f(x) = x^2 - \tfrac{1}{4} = 0.$$

Die Wurzel $x_1 = 0{,}5$ liegt im Intervall $[0, 1]$, $f(x)$ ist in diesem Intervall monoton zunehmend. Der Tabelle von Zufallszahlen in [8] entnehmen wir die folgenden $N = 15$ Zufallszahlen $\xi_i \in [0\ 1]$.

0,86515	0,90795	0,66155	0,66434	0,56558	0,12332
0,69186	0,03393	0,42502	0,99224	0,88955	0,53758
0,41686	0,42163	0,85181	0,38967	0,33181	0,72664

Die folgende Übersicht zeigt die Beziehung $f(\xi_i) < 0$ $(-)$ bzw. $f(\xi_i) \geqq 0$ $(+)$ für alle Werte ξ_i $(i = 1, \cdots, 15)$ an

+	+	+	+	+	−
+	−	−	+	+	+
−	−	+	−	−	+

Mit $M = 7$ folgt

$$b = 0 + P[f(X) \leqq 0] \approx 7/18 \approx 0{,}389.$$

Die Differenz zwischen genauem und Näherungswert beträgt 0,111. Entnehmen wir der Zufallstabelle $N = 90$ Zufallszahlen, so wird $M = 37$ und somit

$$b \approx \frac{37}{90} \approx 0{,}412.$$

Für $N = 180$ ist $M = 80$. Es ergibt sich ein Näherungswert für die Wurzel

$$b \approx \frac{80}{180} \approx 0{,}444.$$

2.1.4. Auflösung von nichtlinearen Gleichungssystemen

Gegeben ist ein beliebiges System von Gleichungen in der Form

$$F_i(x_1, x_2, \ldots, x_n) = 0, \qquad i = 1, 2, \ldots, n.$$

Bei der Lösung wird ein aus der Quantentheorie bekannter physikalischer Sachverhalt benutzt. Um das Verfahren zu verstehen, genügt es, den Fall $n = 2$ zu betrachten:

$$F_1(x, y) = 0, \qquad F_2(x, y) = 0. \tag{2.23}$$

Es wird dabei vorausgesetzt, daß genau eine reelle Wurzel existiert. Eine Verallgemeinerung auf $n > 2$, den Fall mehrerer verschiedener reeller Wurzeln und schließlich die Einbeziehung komplexer Wurzeln bereiten wenig Schwierigkeiten, wenn die prinzipielle Vorgehensweise verstanden wurde.

Man definiert zunächst ein sogenanntes Pseudopotential

$$U(x, y) = a_1^2 F_1^2(x, y) + a_2^2 F_2^2(x, y), \tag{2.24}$$

a_1 und a_2 sind beliebige Konstante. Es ist unmittelbar ersichtlich, daß die simultane Erfüllung von $F_i(x, y) = 0$ $(i = 1, 2)$ äquivalent ist der Beziehung $U(x, y) = 0$. Auf dem Potentialfeld bewegt sich eine große Zahl von Teilchen, die zufällig miteinander kollidieren. Es existiere eine mittlere freie Weglänge λ $(\lambda > 0)$. Zwischen den Kollisionen wirken die Teilchen nicht aufeinander ein, und sie sind in Übereinstimmung mit dem Potential; d.h., sie bewegen sich entsprechend den Gleichungen

$$\frac{\mathrm{d}^2 x}{\mathrm{d}t^2} = -\frac{\partial U}{\partial x}; \quad \frac{\mathrm{d}^2 y}{\mathrm{d}t^2} = -\frac{\partial U}{\partial y}. \tag{2.25}$$

Mit den Bezeichnungen

$$\frac{\mathrm{d}x}{\mathrm{d}t} = p_x; \quad \frac{\mathrm{d}y}{\mathrm{d}t} = p_y; \quad \frac{\partial U}{\partial x} = U_x; \quad \frac{\partial U}{\partial y} = U_y$$

folgt

$$\frac{dp_x}{dt} = -U_x; \quad \frac{dp_y}{dt} = -U_y. \tag{2.25'}$$

Im Moment der Kollision geschieht eine Übertragung von Energie, wobei die Teilchen isotrop gestreut werden. Die statistische Mechanik liefert nun die Aussage, daß die Lage der Teilchen durch einen Zufallsvektorprozeß (X_t, Y_t) beschrieben werden kann. Die zweidimensionale Dichte im stationären Zustand lautet

$$f(x, y) = \frac{e^{-\frac{U(x,y)}{\beta}}}{\iint e^{-\frac{U(x,y)}{\beta}} dx\, dy}; \tag{2.26}$$

β ist eine physikalische Konstante. Vereinfacht ausgedrückt kann man sagen, daß zu einem beliebigen Zeitpunkt t nach der Anfangsphase die Lageverteilung der Teilchen durch die Dichtefunktion (2.26) gegeben ist. (2.24) nimmt ihr einziges Minimum an der Stelle (x, y) mit $U(x, y) = 0$ an. Das bedeutet physikalisch, daß die Konzentration der Teilchen in unmittelbarer Nähe von (x, y) am größten ist.
Es gilt aber

$$\bar{x} = E(X) = \frac{\iint x\, e^{-\frac{U}{\beta}} dx\, dy}{\iint e^{-\frac{U}{\beta}} dx\, dy}, \quad \bar{y} = E(Y) = \frac{\iint y\, e^{-\frac{U}{\beta}} dx\, dy}{\iint e^{-\frac{U}{\beta}} dx\, dy}. \tag{2.27}$$

Somit ist die Bestimmung der Wurzel des Gleichungssystems (2.23) äquivalent der Aufgabe, den Erwartungswert der Lageverteilung der Teilchen zu einem beliebigen Zeitpunkt t zu finden. Aus diesen Überlegungen ergibt sich ein Weg für die Anwendung der Simulation. Man erzeugt Zufallszahlen (ξ_i, η_i), $i = 1, \ldots, N$, entsprechend der Verteilungsdichte $f(x, y)$ und erhält

$$\bar{x} \approx \frac{1}{N} \sum \xi_i, \quad \bar{y} \approx \frac{1}{N} \sum \eta_i.$$

Wir wollen aber einen etwas originelleren Weg beschreiten. Voraussetzung ist die Anwendung eines sogenannten Ergodensatzes. Er besagt auf unseren spezifischen Fall angewandt, daß bei der Berechnung von $E(X)$ und $E(Y)$ die Beobachtung der Lageverteilung der Teilchen in einem Moment durch die der Lageverteilung eines einzigen Teilchens über einen sehr langen Zeitraum hinweg (theoretisch unendlich lange) ersetzt werden kann.
Beobachtet man die Lage eines Teilchens über einen genügend langen Zeitraum hinweg zu den diskreten, äquidistanten Zeitpunkten t_i $(i = 1, \ldots, N)$, erhält man

$$\bar{x} \approx \frac{1}{N} \sum_{i=1}^{N} x_{t_i}, \quad \bar{y} \approx \frac{1}{N} \sum_{i=1}^{N} y_{t_i}.$$

Es wird nun im Modell der Weg eines Teilchens nachgespielt. Dabei muß zunächst eine bestimmte Schrittweite w festgelegt werden. Nach jedem Schritt registriert man Zustand und Lage des Teilchens. Jedesmal, wenn seine kinetische Energie eine bestimmte Schwelle T_m überschritten hat, erfolgt ein Zusammenstoß. Das Teilchen erhält dabei einen Energiebetrag $T_m\xi$, wobei ξ eine gleichverteilte Zufallszahl ist. Ist T_m am Ende eines Schrittes nicht erreicht, setzt das Teilchen gemäß der Bewegungsgleichung den Weg fort.

Der Algorithmus läßt sich folgendermaßen beschreiben:

0. Man lege T_m, w und N fest.
1. Man wähle eine zufällige Ausgangsposition aus.
2. Es wird der Wert der kinetischen Energie $T = T_m\xi$ bestimmt.
3. Man ermittle die Geschwindigkeitskomponenten

$$\sqrt{T}\cos 2\pi\xi \Rightarrow p_x, \quad \sqrt{T}\sin 2\pi\xi \Rightarrow p_y.$$

4. Man berechne die erforderliche Zeit für die Bewegung während eines Schrittes

$$\frac{w}{\sqrt{T}} = \mathrm{d}t.$$

5. Man berechne die Lageveränderung

$$p_x\,\mathrm{d}t \Rightarrow \mathrm{d}x, \quad p_y\,\mathrm{d}t \Rightarrow \mathrm{d}y.$$

6. Man berechne die Geschwindigkeitsänderung

$$-U_x\,\mathrm{d}t \Rightarrow \mathrm{d}p_x, \quad -U_y\,\mathrm{d}t \Rightarrow \mathrm{d}p_y.$$

7. Man bestimme die neue Lage und Geschwindigkeit

$$x + \mathrm{d}x \Rightarrow x, \quad y + \mathrm{d}y \Rightarrow y,$$

$$p_x + \mathrm{d}p_x \Rightarrow p_x, \quad p_y + \mathrm{d}p_y \Rightarrow p_y.$$

8. Man berechne

$$\sum x + x \Rightarrow \sum x, \quad \sum y + y \Rightarrow \sum y,$$

$$n + 1 \Rightarrow n.$$

9. Wenn $n = N$, dann 11.
10. Wenn $p_x^2 + p_y^2 > T_m$, dann 2, sonst 4.
11. Man berechne

$$\frac{1}{N}\sum x, \quad \frac{1}{N}\sum y.$$

(Zeichnen Sie das Flußdiagramm!)

Eine Verallgemeinerung des Verfahrens unter den eingangs genannten Gesichtspunkten findet man in [18]. Die Suche nach dem Extremum einer Funktion kann im Prinzip auf die Lösung eines nichtlinearen Gleichungssystems zurückgeführt werden. Man vergleiche hierzu [12], [18].

2.1.5. Lösung partieller Differentialgleichungen

Die Lösung von Randwertproblemen partieller Differentialgleichungen erweist sich oftmals als äußerst schwierig. In einigen Fällen gelingt es, durch die Nachbildung sogenannter „Irrfahrtsprozesse" näherungsweise die Lösung zu bestimmen. Die Vorgehensweise wird an zwei Beispielen erläutert.

Wir betrachten zunächst die Laplace-Differentialgleichung

$$\frac{\partial^2 u(x, y)}{\partial x^2} + \frac{\partial^2 u(x, y)}{\partial y^2} = 0 \quad (\Delta u = 0) \tag{2.28}$$

in einem einfach zusammenhängenden abgeschlossenen Gebiet B mit der Bedingung

$$u(x, y) = f(x, y) \tag{2.29}$$

auf dem Gebietsrand R_B. Zunächst erfolgt eine Diskretisierung. B wird mit einem Netz von Quadraten gemäß Bild 2.4 überzogen. Es bedeutet keine Einschränkung der Allgemeinheit, wenn als Schrittweite $h = 1$ gewählt wird. Man erhält offensichtlich zwei Arten von Punkten, innere und Randpunkte R_i. Der Einfachheit halber nehmen wir an, daß die R_i auf R_B liegen, also gilt

$$u(R_i) = f(R_i), \quad i = 1, \dots, n. \tag{2.29'}$$

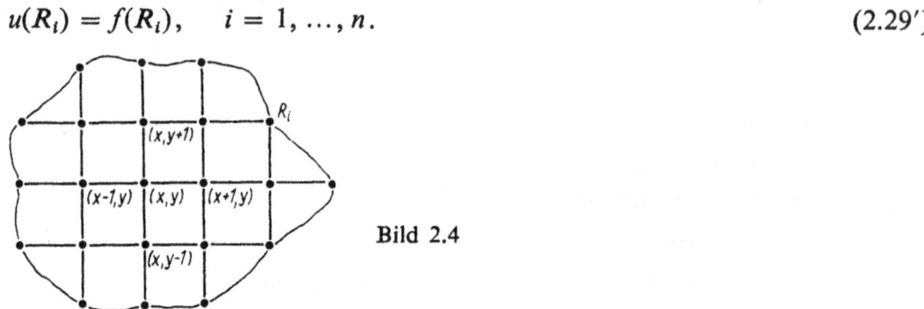

Bild 2.4

Man legt nun die Vorstellung zugrunde, daß ein „Teilchen“ vom Punkt (x, y) aus zu einer Irrfahrt startet.
Dabei führt es eine endliche Anzahl von Schritten aus und bewegt sich nach folgenden Regeln:

(1) Befindet sich das „Teilchen“ auf einem inneren Punkt, dann bewegt es sich im nächsten Schritt „zufällig“ zu einem der vier Nachbargitterpunkte. Jeder der vier Punkte wird dabei mit derselben Wahrscheinlichkeit 1/4 ausgewählt.
(2) Erreicht das Teilchen einen Randpunkt R_i, bleibt es dort mit Wahrscheinlichkeit 1.

Ohne Beweis sei darauf hingewiesen, daß ein Teilchen, von einem inneren Punkt startend, mit Wahrscheinlichkeit 1 im Verlauf der Irrfahrt nach einer endlichen Anzahl von Schritten einen Randpunkt erreicht. Wir bezeichnen mit

$$p((x, y); R_i)$$

die Wahrscheinlichkeit, daß eine Irrfahrt von (x, y) aus im Punkt R_i endet. Dann gilt offensichtlich

$$p(R_i; R_i) = 1, \quad p(R_i; R_j) = 0, \quad i \neq j,$$

und

$$p((x, y); R_i) = \tfrac{1}{4}[p((x - 1, y); R_i) + p((x + 1, y); R_i) + p((x, y - 1); R_i) + p((x, y + 1); R_i)]. \tag{2.30}$$

Nach einfachen Umformungen folgt

$$p((x - 1, y); R_i) - 2p((x, y); R_i) + p((x + 1, y); R_i) + p((x, y - 1); R_i) - 2p((x, y); R_i) + p((x, y + 1); R_i) = 0. \tag{2.31}$$

(2.31) ist aber eine Differenzengleichung für $p(x, y)$, die der partiellen Differentialgleichung (2.28) entspricht.

Führt man nun N Irrfahrten vom Punkt (x, y) aus durch, von denen M_i im Punkt R_i enden, dann gilt

$$p((x, y); R_i) \approx \frac{M_i}{N}. \tag{2.32}$$

Die letzte Beziehung gibt näherungsweise die Lösung von (2.28) im Punkt (x, y) unter den Bedingungen (2.29'). Nun berücksichtigen wir die allgemeine Randwertbedingung (2.29). Es sei

$$v(x, y) = \sum_{i=1}^{n} f(R_i)\, p((x, y); R_i). \tag{2.33}$$

Multipliziert man (2.30) mit $f(R_i)$, so folgt

$$f(R_i)\,p((x, y); R_i) = \tfrac{1}{4}[f(R_i)\,p((x-1, y); R_i) + \cdots + f(R_i)\,p((x, y+1); R_i)]$$

und unter Berücksichtigung von (2.33)

$$\sum_{i=1}^{N} f(R_i)\,p((x, y); R_i) = \tfrac{1}{4}\,[\sum f(R_i)\,p((x-1, y); R_i) + \cdots + \sum f(R_i)\,p((x, y+1); R_i)]$$

oder

$$v(x, y) = \tfrac{1}{4}[v(x-1, y) + v(x+1, y) + v(x, y-1) + v(x, y+1)]. \tag{2.34}$$

(2.34) ist offensichtlich wiederum eine Differenzengleichung der oben betrachteten Form, die der partiellen Differentialgleichung (2.28) für $v(x, y)$ entspricht. $v(x, y)$ erfüllt außerdem die Randwertbedingung (2.29), denn für $(x, y) = R_j$ gilt

$$v(R_j) = \sum_{i=1}^{N} f(R_i)\,p(R_j, R_i) = f(R_j).$$

Führt man N Irrfahrten von (x, y) aus durch und enden jeweils M_i dieser Fahrten in R_i $(i = 1, \ldots, n)$, dann ist

$$v(x, y) \approx \frac{1}{N}\sum_{i=1}^{N} M_i f(R_i)$$

die gesuchte näherungsweise Lösung des Randwertproblems.

Die Realisierung der Irrfahrten mit Hilfe der Methode der statistischen Versuche ist äußerst einfach. X sei eine in $[0, 1]$ gleichverteilte Zufallsgröße. Legt man beispielsweise fest, daß bei $X \in \left[\frac{i-1}{4}; \frac{i}{4}\right)$ $(i = 1, \ldots, 4)$ das Teilchen in den Nachbargitterpunkt P_i überwechselt (wobei die Reihenfolge der Numerierung der 4 benachbarten Punkte völlig gleichgültig ist), läuft der Irrfahrtsprozeß in der angegebenen Weise ab.

Als zweites Randwertproblem betrachten wir die Wärmeleitungsgleichung

$$\frac{\partial u(x, y, z, t)}{\partial t} = \frac{\partial^2 u(x, y, z, t)}{\partial x^2} + \frac{\partial^2 u(x, y, z, t)}{\partial y^2} + \frac{\partial^2 u(x, y, z, t)}{\partial z^2} \tag{2.35}$$

für $(x, y, z) \in B$, $t \in T$, wobei B ein einfach zusammenhängendes abgeschlossenes Gebiet mit dem Rand R_B ist, unter den Anfangs- und Randbedingungen

$$\begin{aligned} u(x, y, z, 0) &= g(x, y, z), \quad (x, y, z) \in B, \\ u(x, y, z, t) &= f(x, y, z), \quad (x, y, z) \in R_B. \end{aligned} \tag{2.36}$$

Dem Gebiet B wird ein Gitter der Maschenweite $h = 1$ einbeschrieben. Man erhalte insgesamt n innere Punkte $P_i = (x_i, y_i, z_i)$ und m Randpunkte R_j. Wählt man unter Zugrundelegung eines Zeitmaßstabes eine Folge von $s + 1$ Zeitpunkten aus $(t = 0, 1, 2, \dots, k, \dots, s)$, so sind die Funktionswerte

$$u(P_i; k), \quad i = 1, \dots, n, \quad k = 0, \dots, s,$$

unter Berücksichtigung der Bedingungen

$$\begin{aligned} u(P_i, 0) &= g(P_i), \quad i = 1, \dots, n \\ u(R_j, t) &= f(R_j), \quad j = 1, \dots, m, \end{aligned} \tag{2.36'}$$

zu bestimmen. Es werden wiederum Irrfahrten auf dem Gitter von B durchgeführt. $p(P_i; R_j; t)$ sei die Wahrscheinlichkeit, daß ein „Teilchen", zur Zeit $t_0 = 0$ in $P_i = (x_i, y_i, z_i)$ startend, nach t Zeiteinheiten im Randpunkt $R_j = (x_j, y_j, z_j)$ ankommt. Dabei bewegt es sich in einer Zeiteinheit jeweils zufällig mit der Wahrscheinlichkeit $1/6$ zu einem der 6 benachbarten Gitterpunkte. Erreicht es einen Randpunkt R_j, so ist die Irrfahrt beendet. Sind $P_{i+1}; P_{i+2}, \dots, P_{i+6}$ die Nachbarpunkte von P_i, so gilt

$$p(P_i; R_j; t + 1) = \tfrac{1}{6} \sum_{e=1}^{6} p(P_{i+e}; R_j; t) \tag{2.37}$$

und außerdem

$$\begin{aligned} p(R_j, R_j, t) &= 1, \\ p(R_i, R_j, t) &= 0, \quad i \neq j, \\ p(P_i, P_i, 0) &= 1, \\ p(P_i, R_j, 0) &= 0. \end{aligned} \tag{2.38}$$

Man kann analog zum ersten Beispiel zeigen, daß (2.37) eine der Wärmeleitungsgleichung (2.35) näherungsweise entsprechende Differenzengleichung ist.

Wir betrachten nun folgende Funktion

$$v(P_i, t + 1) = \sum_{k=1}^{n} v(P_i, P_k, t + 1)\, g(P_k) + \sum_{j=1}^{m} v(P_i, R_j, t + 1) f(R_j). \tag{2.39}$$

Unter Berücksichtigung von (2.37) folgt

$$\begin{aligned} v(P_i, t + 1) = \tfrac{1}{6}\Big[&\sum_{k=1}^{n} v(P_{i+1}, P_k, t)\, g(P_k) + \sum_{j=1}^{m} v(P_{i+1}, R_j, t) f(R_j) \\ &+ \sum_{k=1}^{n} v(p_{i+2}, P_k, t)\, g(P_k) + \sum_{j=1}^{m} v(P_{i+2}, R_j, t) f(R_j) + \cdots \\ &+ \sum_{k=1}^{n} v(P_{i+6}, P_k, t)\, g(P_k) + \sum_{j=1}^{m} v(P_{i+6}, R_j, t) f(R_j)\Big] \end{aligned}$$

oder

$$v(P_i, t + 1) = \tfrac{1}{6} \sum_{e=1}^{6} v(P_{i+e}, t). \tag{2.40}$$

Die letzte Gleichung ist ebenfalls zu (2.35) äquivalent und erfüllt außerdem die Anfangs- und Randbedingungen (2.36). Denn setzt man in (2.39) $P_i = R_k$, so folgt unter Berücksichtigung von (2.38)

$$v(R_k, t + 1) = f(R_k)$$

und für $P_i = P_k$

$$v(P_k, 0) = g(P_k).$$

$v(P_i, t + 1)$ gibt näherungsweise die Lösung des Problems im Punkt P_i zur Zeit $t + 1$. Indem N Irrfahrten mit Hilfe der Simulation durchgeführt werden, erhält man Näherungswerte für die v-Werte der rechten Seite von (2.39) und somit auch für $v(P_i, t + 1)$.

Beispiel 2.3: Als Zahlenbeispiel soll die Laplacesche Differentialgleichung in einem Einheitsquadrat $0 \leqq x \leqq 1$; $0 \leqq y \leqq 1$ mit den Randbedingungen $u(x, 0) = 0$, $u(0, y) = 0$, $u(x, 1) = x$, $u(1, y) = y$ betrachtet werden. Es ist der Wert $u(1/2, 1/2)$ zu bestimmen. Das Beispiel ist [18] entnommen. Als Schrittweite des Maschennetzes wurde $h = 1/4$ gewählt. Die Numerierung der Punkte und die Randwerte $f(R_l)$ sind in Bild 2.5 angegeben.

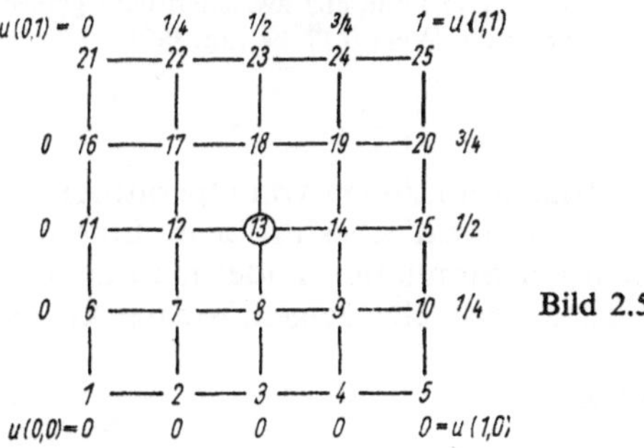

Bild 2.5

Es wurden insgesamt $N = 16$ Irrfahrten durchgeführt, die alle im Punkt mit der Nummer 13 beginnen. Zur Simulation wurde die im Anhang von [18] enthaltene Tabelle von Zufallszahlen verwendet. Man erhielt die folgenden Wege:

Nummer des Versuches s	Weg	Zufälliges Wegende	Randwert $f(R_l)$ am Wegende
1	13–18–17–16	16	0
2	13–12–13– 8– 7–12–17–16	16	0
3	13–12–11	11	0
4	13–18–23	23	1/2
5	13–14– 9–10	10	1/4
6	13–12–17–16	16	0
7	13–12–11	11	0
8	13–18–13– 8–13–14– 9– 4	4	0
9	13– 8– 7– 2	2	0
10	13–14–19–24	24	3/4
11	13–12–17–18–13– 8– 3	3	0
12	13–14–19–18–19–24	24	3/4
13	13–18–23	23	1/2
14	13–14–13–12–11	11	0
15	13– 8– 3	3	0
16	13–12–11	11	0

Es folgt gemäß (2.32) und (2.33)

$$v\left(\frac{1}{2},\frac{1}{2}\right) = \frac{1}{N}\sum_{i=1}^{n} M_i f(R_i) = \frac{1}{16}\left(11 \cdot 0 + 1 \cdot \frac{1}{4} + 2 \cdot \frac{1}{2} + 2 \cdot \frac{3}{4}\right) \approx 0{,}17.$$

Damit gilt näherungsweise

$$u(1/2, 1/2) \approx 0{,}17.$$

Für die empirische Varianz erhält man

$$\sigma^2(Z) = \frac{1}{15}\sum_{s=1}^{16} Z_s^2 - \frac{1}{15 \cdot 16}\left(\sum_{s=1}^{16} Z_S\right)^2 \approx 0{,}081,$$

wo Z die Zufallsgröße der angenommenen Randwerte bezeichnet. Somit ist der wahrscheinliche Fehler

$$r_{16} = 0{,}675\sqrt{\frac{\sigma^2(Z)}{16}} \approx 0{,}05$$

Die exakte Lösung dieser Aufgabe ist $u(x, y) = x \cdot y$. Die Differenz zwischen dem genannten Wert $u(1/2, 1/2) = 0{,}25$ und dem durch Simulation erhaltenen Wert 0,17 beträgt 0,08.

2.1.6. Berechnung von Eigenwerten

Die Bestimmung der Eigenwerte und Eigenfunktionen von Operatoren ist ein sehr wichtiges, aber meistens sehr schwieriges mathematisches Problem. Eine weitgehende Übersicht über die Einsatzmöglichkeiten der Simulation findet man zum Beispiel in [14] und [18]. Wir wollen an zwei speziellen Beispielen zeigen, wie der kleinste Eigenwert ermittelt werden kann.

Gegeben ist der Differentialoperator L

$$L\psi(x) = \frac{1}{2}\frac{d^2\psi(x)}{dx^2} - V(x)\,\psi(x). \tag{2.41}$$

Wenn eine Lösung $\psi_i(x)$ der Differentialgleichung

$$\frac{1}{2}\frac{d^2\psi(x)}{dx^2} - V(x)\,\psi(x) = \lambda\psi(x), \quad \lambda = \text{const}, \tag{2.42}$$

mit der Bedingung $\int_{-\infty}^{\infty} |\psi|^2\,dx = 1$ genügt, so heißt sie *Eigenfunktion* des Operators L. Die entsprechende Zahl λ_i heißt dabei *Eigenwert*. Es wird im folgenden vorausgesetzt, daß ein kleinster Eigenwert λ_1 mit Eigenfunktion $\psi_1(x)$ existiert. (2.42) ist eine sogenannte *Schrödinger-Gleichung*, die in der Quantenmechanik das Verhalten eines Teilchens in einem durch das Potential $V(x)$ vorgegebenen Kraftfeld beschreibt. λ_1 entspricht dem tiefsten Energieniveau des Teilchens.

Grundlage für den Einsatz der Simulation ist ein Zusammenhang zwischen dem Operator L und bestimmten stochastischen Prozessen. Wir wollen diesen Zusammenhang nur angeben. Die Ableitung der entsprechenden Formeln findet der Leser in [3]. Man geht von einem sogenannten Wiener-Prozeß $X(t)$ $(t \geqq 0)$ (vgl. Bd. 19/1) aus. Ein solcher Prozeß besitzt die Eigenschaft, daß fast alle Realisierungen stetige Funktionen der Zeit sind und die Zuwachse

$$X(t_2) - X(t_1); \quad X(t_4) - X(t_3)$$

Die Mehrheit der Näherungsmethoden zur Berechnung von Eigenwerten und Eigenfunktionen (z.B. Ritzsches Verfahren, vgl. Bd. 18) erfordert die Berechnung komplizierter Integrale. Hierbei ist der Einsatz der Simulation von Vorteil. Nach der Methode von Kellogg gilt für zwei in G positive Funktionen $\psi(P)$ und $\varphi(P)$

$$\lim_{i\to\infty} \frac{\int_G \psi(P)\, K^i\varphi(P)\, \mathrm{d}P}{\int_G \psi(P)\, K^{i+1}\varphi(P)\, \mathrm{d}P} = \lambda_1 \tag{2.48}$$

und

$$\lim_{i\to\infty} \frac{K^i\varphi(P)}{\sqrt{\int_G \psi(P)\, K^{i+1}\, \varphi(P)\, \mathrm{d}P}} = z_1(P). \tag{2.48'}$$

Die Integrale in (2.48) lassen sich grundsätzlich mit den behandelten Integrationsmethoden lösen. Die besondere Struktur erlaubt es jedoch, hier einen günstigeren Weg einzuschlagen. Die Berechnung dieser Integrale läßt sich auf die Durchführung von Irrfahrten etwas anderer Form zurückführen. Man betrachtet innerhalb von G eine beliebige Wahrscheinlichkeitsdichte $p(P)$ und eine beliebige Übergangsdichte vom

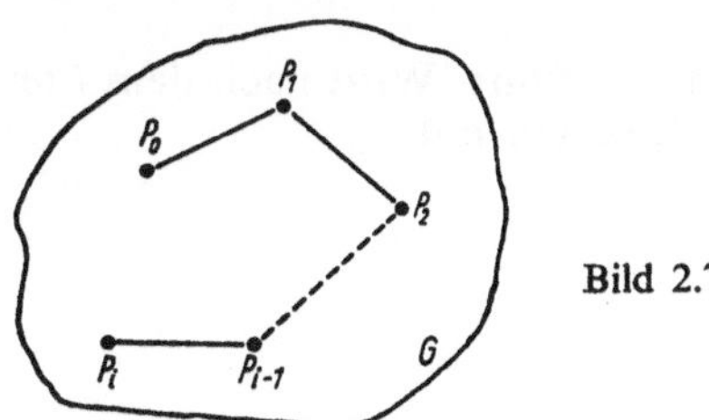

Bild 2.7

Punkt P zum Punkt P', $p(P, P')$. Ein Teilchen tritt nun gemäß Bild 2.7 vom Punkt P_0 aus zu einer Irrfahrt an und gelangt nach i Schritten zum Punkt P_i. Die Lage des Anfangspunktes wird durch die Wahrscheinlichkeitsdichte $p(P)$, die Lage von P_j bei bekanntem P_{j-1} durch die Übergangsdichte $p(P_{j-1}, P_j)$ bestimmt.
Die Wahrscheinlichkeitsdichte für die Kette

$$P_0 \to P_1 \to \cdots \to P_i$$

ist dann

$$p_i(P_0, P_1, \ldots, P_i) = p(P_0)\, p(P_0, P_1), \ldots, p(P_{i-1}, P_i).$$

Führt man die folgende Bezeichnungsweise

$$W_j = \frac{K(P_0, P_1)\, K(P_1, P_2) \ldots K(P_{j-1}, P_j)}{p(P_0, P_1)\, p(P_1, P_2) \ldots p(P_{j-1}, P_j)}, j = 1, \ldots, i, \tag{2.49}$$

ein, dann ist

$$W_j = W_{j-1} \frac{K(P_{j-1}, P_j)}{p(P_{j-1}, P_j)}. \tag{2.50}$$

Der Ausdruck

$$x_i = \frac{\psi(P_0)}{p(P_0)} W_i \varphi(P_i) \tag{2.51}$$

stellt eine Zufallsgröße dar, da die Lage des Punktes P_i nach i Schritten zufällig ist. Es läßt sich nun beweisen, daß die Beziehung

$$E(X_i) = \int_G \psi(P_0)\, K^i \varphi(P_0)\, \mathrm{d}P_0 \tag{2.52}$$

gilt. Es gilt zunächst

$$E(X_i) = \int_G \cdots \int_G x_i p_i(P_0, \ldots, P_i)\, \mathrm{d}P_0 \ldots \mathrm{d}P_i .$$

Hieraus folgt wegen (2.49), (2.50) und (2.51)

$$\begin{aligned} E(X_i) &= \int_G \cdots \int_G \frac{\psi(P_0)}{p(P_0)} W_i p_i (P_0, \ldots, P_i) \mathrm{d}P_0 \ldots \mathrm{d}P_i \\ &= \int_G \psi(P_0)\, \mathrm{d}P_0 \int_G \cdots \int_G K(P_0, P_1) \ldots K(P_{i-1}, P_i)\, \varphi(P_i)\, \mathrm{d}P_1 \ldots \mathrm{d}P_i \\ &= \int_G \psi(P_0)\, \mathrm{d}P_0 K^i \varphi(P_0) \end{aligned}$$

womit die Beziehung (2.52) bewiesen ist.

Es werden nun N derartige Irrfahrten durchgeführt. Wird nach dem i-ten Schritt jeweils der Punkt $P_i^{(s)}$ $(s = 1, \ldots, N)$ erreicht, so gilt mit

$$x_i^{(s)} = \frac{\psi(P_0)}{p(P_0)} W_i \varphi(P_i^{(s)})$$

die Beziehung

$$E(X_i) \approx \frac{1}{N} \sum_{s=1}^{N} x_i^{(s)} .$$

Eine unmittelbare Anwendung ist beispielsweise die Bestimmung des kritischen Parameters eines Kernreaktors. Diese Aufgabe läßt sich auf die Berechnung des ersten Eigenwertes λ_1 der Integralgleichung

$$z(P) = \lambda \int_{G_0} \frac{\beta(P')\, \mathrm{e}^{-\left|\int_P^{P'} \alpha \mathrm{d}s\right|}}{4\pi\, |P - P'|^2}\, z(P')\, \mathrm{d}P'$$

zurückführen.

G_0 ist ein dreidimensionaler Bereich, in dem die Diffusion der Neutronen vor sich geht. $\alpha(P)$ und $\beta(P)$ sind positive Funktionen, die den Diffusionsprozeß charakterisieren. In [18] wurde λ_1 bestimmt, wobei speziell $\varphi(P) = 1, \psi(P) \equiv \beta$ gewählt wurde.

2.2. Naturwissenschaftliche und technische Probleme

Die Simulation hat in viele Gebiete der Naturwissenschaft und Technik Eingang gefunden, so in Atomphysik, Kerntechnik, Plasmaphysik, Gaskinetik, Optik, Chemische Reaktionstechnik, Hochfrequenztechnik und Kybernetik, um nur einige zu nennen. Dabei wird sie einerseits zur Imitierung bestimmter Vorgänge und Prozesse und zum anderen zur Lösung mathematischer Probleme eingesetzt. Beispiele sind die

Imitierung der Zusammenstöße, freien Wegstrecken, Trajektorien und Geschwindigkeiten von Teilchen verschiedener Art, Neutronen bei Kernspaltungsprozessen in Reaktoren, Elektronen und Ionen bei Vorgängen im Plasma und Molekülen in Diffusionsprozessen [15, 19]. Die Simulation wurde auch effektiv eingesetzt bei der Modellierung kettenartiger chemischer Reaktionen [20] und bei zahlreichen quantentheoretischen Problemen [Comptoneffekt [13]). Da viele Vorgänge in Natur und Technik durch komplizierte Differentialgleichungen, Integralgleichungen und andere mathematische Beziehungen hoher Dimension beschrieben werden können, hat auch die Lösung mathematischer Probleme eine große Bedeutung. Beispiele wurden im Abschnitt 2.1. genannt. Weitere sind die Lösung der kinetischen Gasgleichung [10], von Wiener-Integralen [11] und Gleichungen der Optik [16]. Aus der Vielfalt der Anwendungsmöglichkeiten werden zwei im folgenden ausführlicher erläutert.

2.2.1. Eine Anwendung in der Kerntechnik

Viele Probleme der Technik lassen sich bewältigen, indem man bestimmte Vorgänge oder Prozesse imitiert. Ein Beispiel [8] hierfür ist die Berechnung der Wahrscheinlichkeit dafür, daß ein Neutron eine Schutzschicht durchdringt. Dieses Problem hat eine große Bedeutung bei der Bestimmung der Abmessungen des Schutzschildes eines Atomreaktors.

Der Einfachheit halber nehmen wir an, daß das Schutzschild die Form einer ebenen, homogenen Platte mit $0 \leqq x \leqq h$ (vgl. Bild 2.8) hat. Auf sie falle unter einem Winkel von 90° ein Strom Neutronen mit der Energie E_0. Beim Eindringen in die

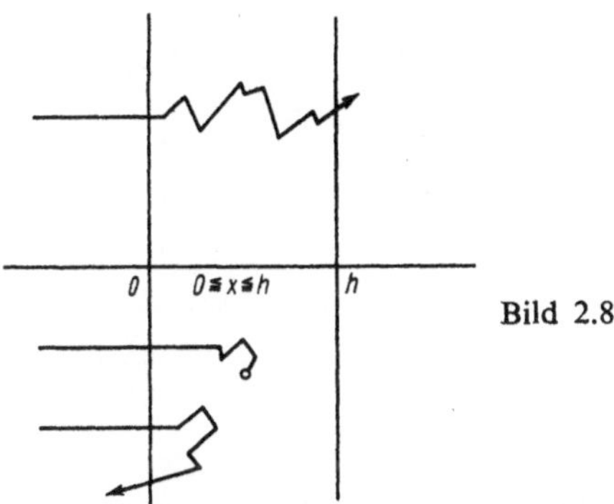

Bild 2.8

Wand kommt es zur Wechselwirkung mit den Atomen. Ein Zusammenstoß eines Neutrons mit einem Kern führt zur Absorption oder Streuung. Wir setzen zur Vereinfachung des Problems weiterhin voraus, daß das Neutron im Falle der Streuung seine Energie nicht verändert und in eine beliebige Richtung abgelenkt wird. Es ist nun gefordert, die Wahrscheinlichkeiten p^+ für den Durchgang, p^- für die Reflexion und p^0 für die Absorption zu bestimmen.

In der Neutronenphysik wird die Wechselwirkung der Neutronen mit den Atomkernen durch sogenannte „effektive Schnitte“ σ beschrieben. Auf eine einatomige ebene Schicht eines Stoffes mit n Atomen (cm^{-2}) falle senkrecht ein homogener Strom von Neutronen. Wenn die Zahl der Neutronen, die in Wechselwirkung mit den Kernen tritt, gleich d ist, setzt man

$$\sigma = \frac{d}{n}.$$

Entsprechend definiert man σ_c und σ_s als „effektive Schnitte" bezüglich Absorption und Streuung. Dabei gilt

$$\sigma = \sigma_c + \sigma_s.$$

Diese Größen hängen selbstverständlich von der Energie der Elektronen und der Art des Stoffes ab und sind katalogisiert. Man bildet die Größen

$$\Sigma = \sigma\varrho; \quad \Sigma_c = \sigma_c\varrho; \quad \Sigma_s = \sigma_s\varrho;$$

ϱ bezeichnet die Dichte des Stoffes. Dann sind Σ_c/Σ und Σ_s/Σ die Wahrscheinlichkeiten für die Absorption bzw. Streuung eines Neutrons.

Die freie Weglänge zwischen zwei aufeinanderfolgenden Zusammenstößen eines Neutrons mit Atomen ist eine stetige Zufallsgröße L, die man erfahrungsgemäß als poissonverteilt mit der mittleren freien Weglänge

$$E(L) = 1/\Sigma$$

annehmen kann. Die Dichte von L ist

$$p_L(x) = \Sigma \mathrm{e}^{-\Sigma x}.$$

Es ist nicht schwierig, die freie Wegstrecke „nachzuspielen". Ist ξ' eine gleichverteilte Zufallszahl, so gilt

$$\int_0^L \Sigma \mathrm{e}^{-\Sigma x}\,\mathrm{d}x = \xi'.$$

Hieraus folgt

$$L = -\frac{1}{\Sigma}\ln(1 - \xi')$$

bzw. mit $\xi = 1 - \xi'$

$$L = -\frac{1}{\Sigma}\ln\xi,$$

wobei ξ ebenfalls gleichverteilt ist. Es bleibt noch zu zeigen, wie im Falle der Streuung die beliebige Richtung festzulegen ist. An den Ergebnissen für p^+, p^- und p^0 ändert sich aus Symmetriegründen nichts, wenn man sich auf Streuungswinkel $\varphi \in [0, \pi]$ beschränkt. Dann ist die Richtung der Streuung eindeutig durch $\mu = \cos\varphi$ festgelegt. φ ist als eine im Intervall $[0, \pi]$ gleichverteilte Zufallszahl anzusehen. Es läßt sich zeigen, daß dies äquivalent ist einer Gleichverteilung von μ im Intervall $[-1, +1]$. Bezeichnet ξ wiederum eine gleichverteilte Zufallsgröße, so folgt

$$\mu = 2\xi - 1.$$

Man ist nun in der Lage, den Weg eines Neutrons mit Hilfe der Simulation zu imitieren und die Wahrscheinlichkeiten p^+, p^- und p^0 näherungsweise zu bestimmen. Ein Neutron befinde sich nach k Streuungen in einem Punkt mit der Abszisse x_k und bewege sich in einer Richtung $\mu = \mu_k$. Man bestimmt mittels einer Zufallszahl die freie Weglänge

$$\lambda_k = -\frac{1}{\Sigma} \ln \xi$$

und berechnet

$$x_{k+1} = x_k + \lambda_k \mu_k.$$

Gilt $x_{k+1} > h$ oder $x_{k+1} < 0$, so ist der Weg des Neutrons beendet. Es hat die Wand durchdrungen bzw. wurde reflektiert. Ist keine der beiden Bedingungen erfüllt, erfolgt der nächste Zusammenstoß, und es ist notwendig, das „Schicksal" des Neutrons, mit der Wahrscheinlichkeit Σ_c/Σ absorbiert oder mit $\Sigma_s/\Sigma = 1 - \Sigma_c/\Sigma$ gestreut zu werden, nachzuspielen. Dies kann in einfacher Weise durch Erzeugung einer weiteren Zufallszahl ξ und der folgenden Festlegung realisiert werden

$\xi < \Sigma_c/\Sigma$: Absorption,

$\xi \geqq \Sigma_c/\Sigma$: Streuung.

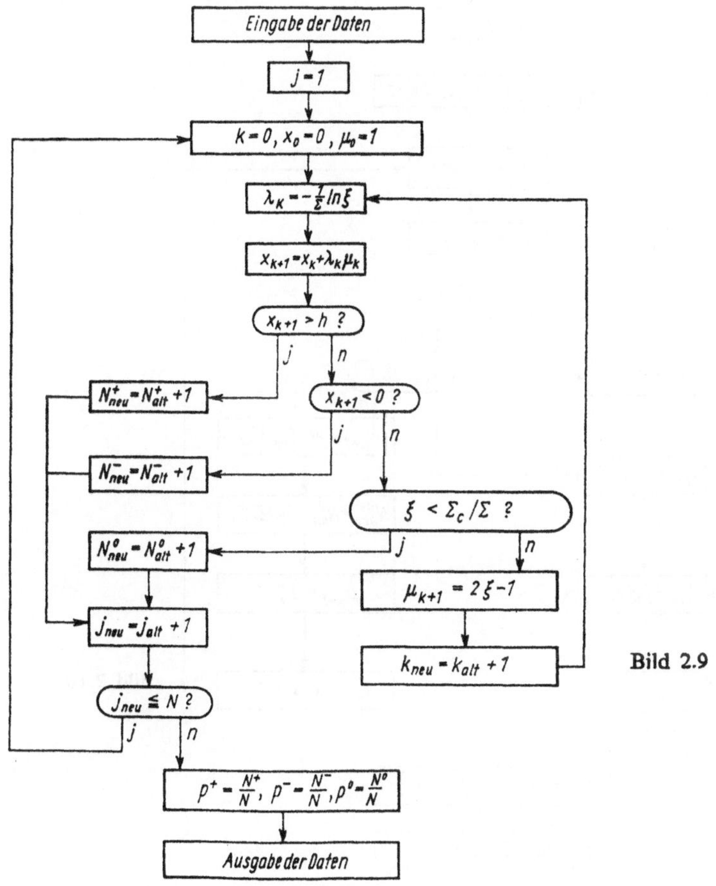

Bild 2.9

Im ersten Fall ist der Weg des Teilchens beendet. Im zweiten Teil bestimmt man die neue Richtung des Neutrons durch Erzeugung einer weiteren Zufallszahl ξ und Berechnung von

$$\mu_{k+1} = 2\xi - 1 .$$

Der Zyklus beginnt von neuem. Es läßt sich beweisen, daß mit Wahrscheinlichkeit 1 nach einer endlichen Anzahl von Zusammenstößen einer der 3 Zustände eintritt. Hat man insgesamt N Trajektorien ermittelt, jedesmal mit den Werten $x_0 = 0$, $\mu_0 = 1$ beginnend, gilt

$$p^+ \approx \frac{N^+}{N}, \quad p^- \approx \frac{N^-}{N}, \quad p^0 \approx \frac{N^0}{N},$$

wobei N^+ die Zahl der durchgedrungenen Neutronen, N^- die der reflektierten und N^0 die der absorbierten bedeuten. Bild 2.9 zeigt das Flußdiagramm für die Berechnung.

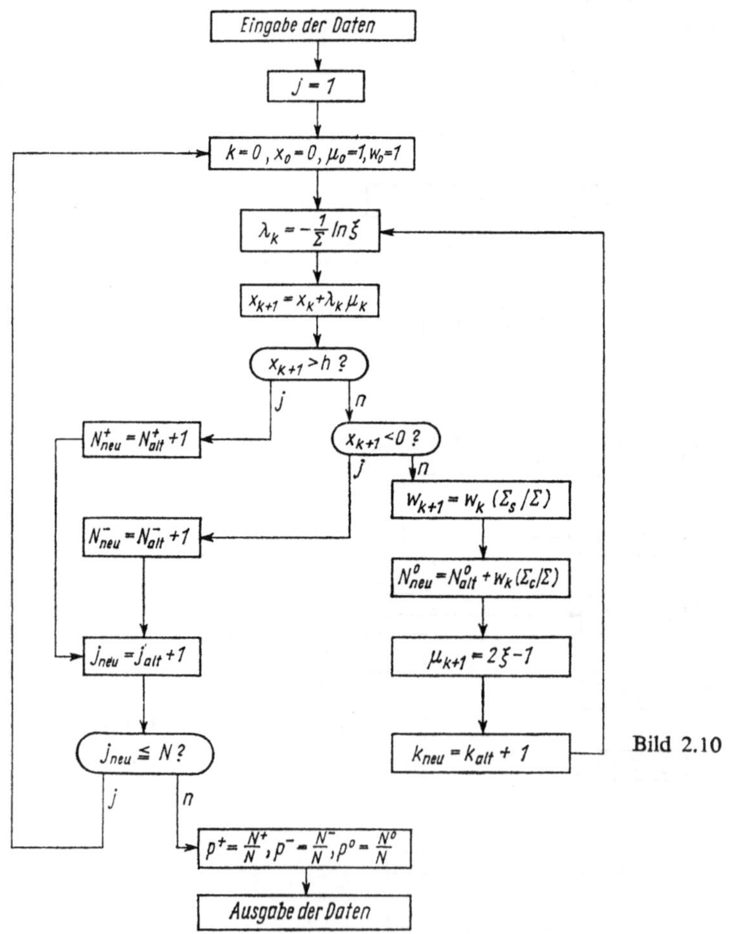

Bild 2.10

Die Buchstaben j bedeuten dabei die Nummern der Trajektorien und k die der Zusammenstöße.

Diese Methode ist im allgemeinen schwierig anzuwenden. Ist die Wahrscheinlichkeit p^+ sehr klein, etwa 10^{-6} bis 10^{-10}, so muß man etwa 10^9 bis 10^{13} Trajektorien betrachten, um eine Genauigkeit von 10% zu erzielen. Wir werden deshalb noch einen anderen, effektiveren Weg der Berechnung erörtern.

Es wird von der Vorstellung ausgegangen, daß sich auf einer Trajektorie zu Beginn ein ganzes „Paket" von Neutronen mit der Anzahl w_0 bewegt. Beim ersten Zusammenstoß im Punkt mit der Abszisse x_1 ist die Menge der absorbierten Neutronen im Mittel $w_0(\Sigma_c/\Sigma)$. Der verbliebene Rest w_1 wird in eine beliebige Richtung gestreut. Alle abgeleiteten Formeln bleiben gültig. Es ist nur zu beachten, daß sich nach jedem Zusammenstoß die Zahl der Neutronen im „Paket" verringert. Betrug ihre Zahl vor dem k-ten Zusammenstoß w_k, dann ist sie danach

$$w_{k+1} = w_k(\Sigma_s/\Sigma), \quad k = 0, 1 \ldots.$$

In der Neutronenphysik spricht man anstelle eines Paketes mit w_k ($k = 0, 1 \ldots$) Neutronen von „einem" Neutron mit dem „Gewicht" w_k. Ein solches Neutron kann verständlicherweise nicht durch Absorption enden. Es läßt sich jedoch zeigen, daß auch in diesem Fall die Trajektorien mit Wahrscheinlichkeit 1 nach einer endlichen Anzahl von Zusammenstößen abbrechen. Bild 2.10 zeigt mit der bereits eingeführten Bezeichnungsweise das Flußdiagramm für diesen Berechnungsweg.

2.2.2. Ein Problem aus der Informationsübertragung

Die zweite Aufgabe ist dem Gebiet der Informationsübertragung entnommen. Es wird im Gegensatz zum ersten Beispiel kein Vorgang imitiert. Die Simulation dient lediglich dazu, komplizierte Integrale zu berechnen. Eine ausführliche Darstellung findet der Leser in [9].

Die Informationsübertragung auf elektromagnetischem Wege läßt sich allgemein durch das in Bild 2.11 angegebene Schema realisieren. Die Mitteilung wird im Sender auf elektromagnetische Wellen moduliert. Bei der Übertragung der Wellen kommt

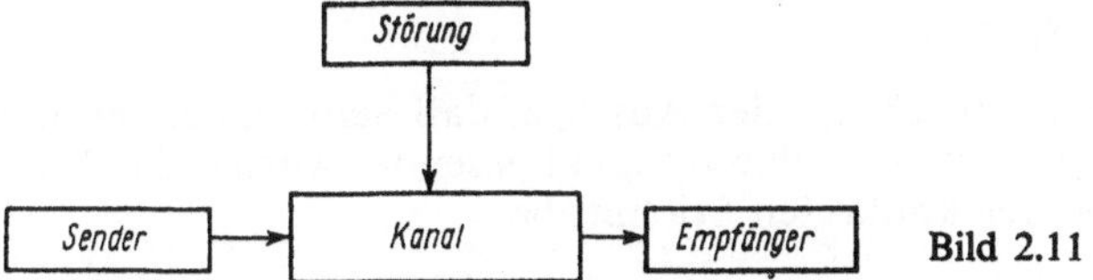

Bild 2.11

eine Störung hinzu. Im Empfänger wird die Demodulation vorgenommen. Elektromagnetische Schwankungen lassen sich mathematisch durch Funktionen der Form

$$s(t) = A \cos(\lambda t + \varphi) \tag{2.53}$$

beschreiben. A ist die Amplitude, λ die Frequenz und φ die Anfangsphase der Welle. Es ist möglich, die drei Parameter für die Informationsübertragung auszunutzen. Wird die Information durch Veränderung von A vorgenommen, spricht man von Amplitudenmodulation, bei Veränderung von λ oder φ von Frequenz- bzw. Phasenmodulation. Der einfachste Fall ist das Verfahren der diskreten Modulation. Jede Information, auch als Signal bezeichnet, wird durch eine zeitliche Folge von Werten kodiert. Ein Signal S enthält mehrere Komponenten

$$\mathbf{S} = (S_1, S_2, \ldots, S_m). \tag{2.54}$$

Physikalisch sind die Komponenten z.B. eine Folge von Spannungsimpulsen. Man unterscheidet deterministische und stochastische Signale. Bei den erstgenannten ist die Abhängigkeit der Komponenten von fixierten Werten t streng deterministisch, bei den letzteren stochastisch. Dementsprechend ist (2.54) im ersten Fall ein Zahlenvektor, im zweiten ein Zufallsvektor. Stochastische Signale können korrelierte und unkorrelierte Komponenten besitzen. Da ein Signal nicht ungestört übertragen wird, kommt zum Signalvektor noch ein Störvektor

$$\mathbf{N} = (N_1, N_2, \ldots, N_m) \tag{2.55}$$

hinzu. Seine Komponenten sind Zufallsgrößen.

In der Praxis tritt häufig eine additive Verknüpfung von Signal und Störung auf. Dann gilt

$$\mathbf{S} + \mathbf{N} = (S_1 + N_1, S_2 + N_2, \ldots, S_m + N_m) \tag{2.56}$$

oder mit $X_i = S_i + N_i$

$$\mathbf{X} = (X_1, X_2, \ldots, X_m). \tag{2.56'}$$

(2.56) ist ein m-dimensionaler Zufallsvektor mit bestimmten wahrscheinlichkeitstheoretischen Charakteristiken (Verteilungsgesetz, Parameter der Verteilung). Wir setzen im folgenden voraus, daß die Verteilungsdichten (2.55) und (2.56) gleiche funktionale Form $p(x_1, x_2, \ldots, x_m, \alpha)$ besitzen und sich nur durch unterschiedliche Werte von α unterscheiden. Die Dichte des Störungsvektors ist $p(x_1, x_2, \ldots, x_m, 0)$, die Dichte des Zufallsvektors (2.56) $p(x_1, x_2, \ldots, x_m, \alpha)$ mit $\alpha > 0$.

Im Empfänger ist nun das Signal von der Störung zu trennen. Diese Aufgabe läuft auf die Prüfung des Parameters α hinaus. Eine geeignete Methode ist das *Verfahren von Neyman-Pearson*:

Es werden 2 Hypothesen H_0 und H_1 aufgestellt:

$$H_0 : \alpha = 0 \qquad H_1 : \alpha = \alpha_1 .$$

Die erste Hypothese ist identisch mit der Aussage, daß kein Signal gesendet wurde, $\alpha = \alpha_1$ identisch mit der Aussage, daß ein Signal gesendet wurde. Die Entscheidung wird auf der Grundlage der konkreten Stichprobe

$$\mathbf{x} = (x_1, \ldots, x_m) \tag{2.57}$$

gefällt. Die Gesamtheit aller möglichen m-tupel (2.57) wird nach der Methode von Neyman-Pearson in zwei Bereiche eingeteilt, in den *Annahmebereich* und den *kritischen Bereich*. Im ersten Bereich wird H_0 angenommen, im zweiten Bereich zurückgewiesen. Aus der Statistik ist bekannt, daß bei dieser Vorgehensweise Fehler erster und zweiter Art zu beachten sind. Es kann H_0 richtig sein, aber abgelehnt werden und H_0 falsch sein, aber angenommen werden. Im ersten Fall nimmt man irrtümlich an, daß ein Signal gesendet wurde. Die reine Störung wird für ein Gemisch von Signal und Störung gehalten. Im zweiten Fall glaubt man irrtümlich, daß kein Signal gesendet wurde. Das Gemisch von Störung und Signal wird für reine Störung gehalten.

Beide Fehler können nicht gleichzeitig minimiert werden. Es ist zweckmäßig, die Wahrscheinlichkeit p_1 für die Fehler erster Art konstant zu setzen und den kritischen Bereich so zu wählen, daß die Wahrscheinlichkeit p_2 für die Fehler zweiter Art minimal wird.

Als kritischer Bereich wird nun die Gesamtheit der Punkte festgelegt, für welche

$$p_{\alpha_1}(x_1, \ldots, x_m) \geqq c \cdot p_{\alpha_0}(x_1, \ldots, x_m) \tag{2.58}$$

gilt. Die Konstante c heißt *Schwellwert* und ist abhängig von der Wahl der Wahrscheinlichkeit p_1. In der Theorie der mathematischen Statistik wird bewiesen, daß bei einer Wahl des kritischen Bereiches entsprechend (2.58) die Fehler zweiter Art minimal werden. Setzt man

$$l_{\alpha_1}(x_1, \ldots, x_m) = \frac{p_{\alpha_1}(x_1, \ldots, x_m)}{p_{\alpha_0}(x_1, \ldots, x_m)},$$

dann wird nach Neyman-Pearson die Hypothese H_0 für alle $(x_1, \ldots, x_m)$ mit $l(x_1, \ldots, x_m) < c$ angenommen, für $(x_1, \ldots, x_m)$ mit $l(x_1, \ldots, x_m) \geqq c$ dagegen H_1. Die Wahrscheinlichkeiten für die Fehler erster und zweiter Art sind dann

$$p_1 = \int_{l_{\alpha_1}(x_1, \ldots, x_m) \geqq c} \cdots \int p_{\alpha_0}(x_1, \ldots, x_m)\, \mathrm{d}x_1 \ldots \mathrm{d}x_m,$$

$$p_2 = \int_{l_{\alpha_1}(x_1, \ldots, x_m) < c} \cdots \int p_{\alpha_1}(x_1, \ldots, x_m)\, \mathrm{d}x_1 \ldots \mathrm{d}x_m.$$

Anstelle p_2 gibt man die Wahrscheinlichkeit $d = 1 - p_2$ an. Es gilt

$$d = \int_{l_{\alpha_1}(x_1, \ldots, x_m) \geqq c} \cdots \int p_{\alpha_1}(x_1, \ldots, x_m)\, \mathrm{d}x_1 \ldots \mathrm{d}x_m;$$

d ist die Wahrscheinlichkeit dafür, daß das Gemisch von Signal und Störung nicht irrtümlich für Störung gehalten wird.

Die Problemstellung wurde sehr vereinfacht angegeben. Um zu entscheiden, ob auf dem Hintergrund der Störung ein Signal vorhanden ist, muß strenggenommen geprüft werden:

$$H_0: \alpha = 0, \quad H_1: \alpha > 0.$$

Das ist mathematisch mit großen Schwierigkeiten verbunden und oftmals nicht durchführbar. Man behilft sich auf die folgende Art und Weise: Für d wird eine untere Grenze d_1 festgelegt. Der untere Wert α_1, der diese Grenze d_1 gerade noch gewährleistet, heißt *Schwellenwahrscheinlichkeit*. Geprüft werden die Hypothesen

$$H_0: \alpha = 0, \quad H_1: \alpha = \alpha_1.$$

Die Bestimmung von α_1 ist rechentechnisch aufwendig. Sie ist jedoch nicht die einzige Aufgabe, bei welcher die Simulation effektiv eingesetzt wird. Wichtig ist auch die Ermittlung von Kennlinien für d, d.h. der Abhängigkeit

$$d = d(\alpha, p_1)$$

Es gelten die folgenden Beziehungen

$$l_{\alpha_1}(x_1, x_2, \ldots, x_m) \geqq c,$$

$$\int \cdots \int\limits_{l_{\alpha_1}(x_1,\ldots,x_n)\geqq c} p_{\alpha_0}(x_1, x_2, \ldots, x_m)\,\mathrm{d}x_1 \ldots \mathrm{d}x_m = p_1, \tag{2.59}$$

$$\int \cdots \int\limits_{l_{\alpha_1}(x_1,\ldots,x_n)\geqq c} p_{\alpha_1}(x_1, x_2, \ldots, x_m)\,\mathrm{d}x_1 \ldots \mathrm{d}x_m = d.$$

Setzt man

$$D(\alpha_1, \alpha) = \int \cdots \int\limits_{l_{\alpha_1}(x_1,\ldots,x_n)\geqq 1} p_{\alpha}(x_1, x_2, \ldots, x_m)\,\mathrm{d}x_1 \ldots \mathrm{d}x_m,$$

so folgt offensichtlich

$$D(\alpha_1, \alpha_0) = p_1, \quad D(\alpha_1, \alpha_1) = d.$$

Ist α_1 bekannt, kann man c unmittelbar durch Simulation aus (2.59) näherungsweise bestimmen. Ist α_1 unbekannt, gibt man zunächst einen Anfangswert α_1^* vor und bestimmt c^* auf die angegebene Weise. Anschließend wird das Integral $D(\alpha_1^*, \alpha_1^*)$ mittels Simulation bestimmt. Es können die in Kapitel 2 angegebenen Integrationsmethoden angewendet werden. Gilt

$$D(\alpha_1^*, \alpha_1^*) \geqq d,$$

wird ein neuer Wert α_1^{**} kleiner als α_1^* gewählt und die Prozedur wiederholt. Ist

$$D(\alpha_1^*, \alpha_1^*) < d,$$

so wiederholt man die Berechnung mit einem α_1^{**} größer als α_1^*.

2.3. Probleme der Operationsforschung

Wir möchten hier noch einmal das in 1.1.1. Gesagte wiederholen, weil das für die Probleme der Operationsforschung in besonders starkem Maße zutrifft. Diese Aufgabenstellungen sind in den wenigsten Fällen „reine“ Probleme, sondern führen meist auf Modellsysteme, so daß die Anpassungsarbeit hier oft besonders schwierig ist. Wenn wir im folgenden trotzdem Probleme ganz bestimmter Typen behandeln, so nur wegen der Einfachheit und größeren Übersichtlichkeit. Einige Fragen der Kopplung solcher Modelle werden in 2.3.5. behandelt. Außerdem wollen wir auch hier nur Beispiele zeitunabhängiger Simulationen betrachten. Weitere Beispiele findet man etwa in [8a], wo auch die Bedeutung der modernen Rechentechnik für die Simulation gebührend berücksichtigt wird.

2.3.1. Reihenfolgeprobleme

Probleme dieser Art spielen innerhalb der Operationsforschung eine bedeutende Rolle. Sie führen auf kombinatorische Optimalprobleme, für die die Lösungsmethoden in vielen Fällen wenig effektiv sind, so daß man gern auf die Simulation zurückgreift [7].

Gegeben sind eine Kette von m hintereinander zu durchlaufenden Maschinen und n Produktlose, die über die Maschinenkette zu laufen haben. Die Bearbeitungszeit des Loses i auf der Maschine k sei gegeben und mit a_{ik} bezeichnet. Die Rüstzeiten seien der Einfachheit halber in den Bearbeitungszeiten enthalten. Je nach den weiteren Voraussetzungen erhält man nun unterschiedliche Problemstellungen. Wir wollen einen der einfachsten Fälle zugrunde legen, weil es uns ja vor allem auf die Möglichkeiten der Anwendung von Simulationsmethoden ankommt. Wir setzen voraus, daß

- alle Lose die Maschinen in gleicher Reihenfolge durchlaufen;
- eine Maschine zur gleichen Zeit nur ein Los bearbeiten kann;
- ein Los erst dann zur nächsten Maschine übergeht, wenn seine Bearbeitung auf der vorangegangenen Maschine vollständig abgeschlossen ist;
- beliebige Zwischenlagerzeiten der Produkte und Stillstandszeiten der Maschinen möglich sind;
- die gesamte Durchlaufzeit zu minimieren ist, indem die günstigste Durchlaufreihenfolge ausgewählt wird.

Bezeichnen wir mit x_{ik} die Verlustzeit vor der Bearbeitung des Loses i auf der Maschine k und vereinbaren, daß $x_{ik} > 0$ einer Stillstandszeit der Maschine und $x_{ik} < 0$ einer Liegezeit des Loses entspricht, so setzen wir

$$f_{ik} = a_{ik} + \max(x_{ik}; 0),$$

und es gilt dann [7]

$$x_{ik} = \begin{cases} 0 & \text{für} \quad a_{ik} = 0, \\ \sum_{s=1}^{i-1} (f_{sk'} - f_{sk}) + f_{ik'} & \text{für} \quad a_{ik} \neq 0, \end{cases}$$

$$k' = \max(r \mid r \leqq k-1, a_{ir} > 0).$$

Wir legen fest, daß nicht definierte a_{ik} und x_{ik} gleich null zu setzen sind. Der Ausdruck

$$\max \sum_{i=1}^{n} f_{ik}$$

ist die Durchlaufzeit aller Lose, und dieser ist durch geeignete Reihenfolgewahl, d.h. entsprechende Anordnung und Umnumerierung der Lose $1, \ldots, n$ zu einem Minimum zu machen.

Die theoretische Möglichkeit, für alle $n!$ Reihenfolgen die jeweilige Durchlaufzeit auszurechnen und die optimale auszuwählen, scheitert an dem ungeheuren Rechenaufwand bei großem n. Man kann daher hier eine Monte-Carlo-Simulation benutzen, indem man aus den $n!$ möglichen Reihenfolgen eine gewisse „erträgliche" Anzahl N gemäß dem Vorgehen in 1.2.3. zufällig auswählt. Der Begriff erträglich hängt wesentlich von der Leistungsfähigkeit der Rechenanlage ab, wird aber später noch auf andere Weise festgelegt. Es ist dann zu erwarten, daß unter den N ausgewählten Reihenfolgen auch solche auftreten, die eine in der Nähe des gesuchten Optimums liegende Durchlaufzeit liefern und daher als Näherungslösungen aufzufassen sind. Die Bestimmung einer Näherungslösung erfolgt dann also einfach durch Auswahl der Reihenfolge mit der kürzesten Durchlaufzeit aus den N ausgewählten. Es handelt sich somit um eine typische Monte-Carlo-Simulation; eine gezielte Simulation ist hier kaum möglich, da eben die Zusammenhänge zwischen den Reihenfolgen und der Durchlaufzeit sehr kompliziert und schwer zu übersehen sind.

Zwei wesentliche Fragen sind noch offen, nämlich die Frage nach der Wahl von N und der Güte der erhaltenen Näherungslösung. Beide Probleme hängen natürlich eng zusammen, da die Güte offensichtlich nicht schlechter werden kann, wenn man das N erhöht. Wegen der zufälligen Auswahl der N Reihenfolgen kann man außerdem nur Wahrscheinlichkeitsaussagen über die Güte der Näherung erhalten. Erforderlich hierzu ist eine Aussage über die Wahrscheinlichkeitsverteilung der Durchlaufzeiten bei zufälliger Auswahl der Reihenfolgen. Eine solche kann ebenfalls nur experimentell ermittelt werden, und es hat sich gezeigt, daß man mit einer Normalverteilung arbeiten kann. Daß diese nur näherungsweise zutreffen kann, folgt natürlich schon aus der Tatsache, daß die Durchlaufzeiten weder beliebig klein noch beliebig groß werden können. Die unbekannten Parameter der Normalverteilung lassen sich in einem konkreten Fall aus der Stichprobe schätzen, die durch die N zufällig ausgewählten Reihenfolgen gegeben ist.

Es sei nun $Z_{min}(N)$ der Minimalwert der Durchlaufzeiten aus der Stichprobe vom Umfang N. Nach Transformation auf die Standardnormalverteilung gemäß

$$z = \frac{Z - E(Z)}{\sigma(Z)}$$

ergebe sich z_{min} als zugehöriger Minimalwert (siehe Bild 2.12). Bezeichnen wir mit $v(x)$ die Dichte der Standardnormalverteilung, so liefert dann $W = \int_{-\infty}^{z_{min}} v(x)\, dx$[1] die Wahrscheinlichkeit dafür, noch günstigere Durchlaufzeiten zu erhalten. Hieraus

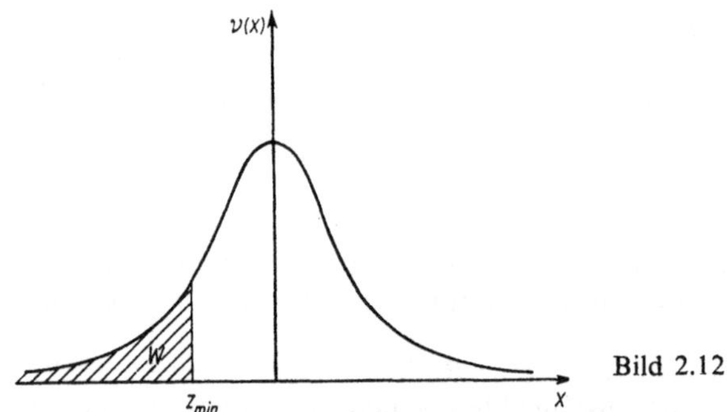

Bild 2.12

ergibt sich aber sofort eine Aussage darüber, wie viele zufällige Reihenfolgen N' man etwa auszuwählen hat, um noch günstigere Durchlaufzeiten zu erhalten. Es gilt, wie man sich sofort überlegt,

$$N' \approx \frac{1}{W}.$$

[1]) Hier kann man natürlich Tabellen benutzen.

Ist die Anzahl der noch auszuwählenden Reihenfolgen zu groß, muß man sich mit der bisherigen Näherungslösung begnügen. Praktisch wird man solche Betrachtungen jeweils nach einer bestimmten Vergrößerung des Stichprobenumfangs anstellen und so im Verlaufe der Rechnung über Abbruch oder Weiterführung entscheiden. (Stellen Sie ein Flußbild auf!)

Kompliziertere Reihenfolgeprobleme können entsprechend behandelt werden, es ändert sich dabei das mathematische Modell, d.h. die Formel für die Durchlaufzeit, und man hat gegebenenfalls zu überprüfen, ob als Wahrscheinlichkeitsverteilung weiterhin die Normalverteilung zugrunde gelegt werden kann.

2.3.2. Probleme der Ablaufplanung

Im Zusammenhang mit der Ablaufplanung hat sich bekanntlich die Netzplantechnik als ein wertvolles Hilfsmittel bei der Zeitplanung erwiesen. Als einfachstes und verbreitetstes Verfahren ist die Methode des kritischen Weges zu nennen. Diese liefert die frühest- und spätestmöglichen Ereigniszeiten und damit die Schlupfzeiten für die Vorgänge. Vorgänge mit der Schlupfzeit Null heißen bekanntlich *kritische Vorgänge*, und nur diese bringen bei einer Zeiteinsparung eine Verkürzung des Gesamtprojekts.

Da jedoch die Methode des kritischen Weges und auch gewisse ihrer Erweiterungen Kapazitätsschranken für Arbeitskräfte und Hilfsmittel nicht berücksichtigen, in vielen Fällen ein wirkungsvoller Einsatz solcher Methoden aber erst möglich wird, wenn gleichzeitig eine Planung der Arbeitskräfte erfolgt, ist eine entsprechende Erweiterung und Vervollständigung erforderlich. In den letzten Jahren sind verschiedene Verfahren entwickelt worden, die eine Planung bzw. Verteilung von Arbeitskräften und Hilfsmitteln ermöglichen. Ohne auf alle diese Verfahren im einzelnen einzugehen, sei lediglich vermerkt, daß sie alle eine Zeitplanung nach der Methode des kritischen Weges voraussetzen und danach mit im allgemeinen verhältnismäßig hohem Aufwand mehr oder weniger gute Näherungslösungen für den günstigsten Einsatz von Arbeitskräften liefern. Im wesentlichen kann man diese Methoden in zwei Gruppen einteilen: Die erste Gruppe versucht, ungleichmäßigen Arbeitskräfte- oder Hilfsmittelbedarf auszugleichen, indem gewisse Vorgänge innerhalb ihrer Schlupfzeiten verschoben oder ausgedehnt werden; gegebenenfalls ist das auch bei kritischen Aktivitäten oder über die Schlupfzeiten hinaus durchzuführen, so daß sich die Gesamtprojektdauer verändert. Die zweite Gruppe geht von der Anzahl der zur Verfügung stehenden Arbeitskräfte und Hilfsmittel zu jeder Zeiteinheit aus, und die Vorgänge werden gemäß der durch den Netzplan festgelegten zeitlichen Reihenfolge so eingeordnet, daß die gegebenen Werte von vornherein gar nicht erst überschritten werden.

Wir wollen eine Möglichkeit für eine Monte-Carlo-Simulation beschreiben, die zu der ersten Gruppe der Verfahren zu rechnen wäre. Die Nützlichkeit eines solchen Simulationsverfahrens ergibt sich daraus, daß es kaum Kriterien dafür gibt, welche Vorgänge man wie weit verschieben bzw. ausdehnen muß, um die Arbeitskräfte oder Hilfsmittel möglichst gut auszugleichen. Bei der Verschiebung eines Vorganges, die zunächst einen sehr starken Abbau gewisser Arbeitskräftespitzen ermöglicht, kann man sich unter Umständen gewisse weitere Möglichkeiten verbauen, die dann später zu einem noch besseren Ausgleich führen könnten. Deshalb kann man auch gleich von Anfang an die zu verschiebenden Vorgänge und die Größe der Verschiebung bzw. Ausdehnung zufällig bestimmen und eine größere Anzahl von Durchläufen ausführen, um die Variante mit dem besten Ausgleich auszuwählen. Die Idee des Simulationsverfahrens ist damit gegeben.

Das nun näher zu beschreibende Verfahren [5] war in erster Linie für einen Ausgleich des Arbeitskräftebedarfs in Schiffswerften geschaffen worden, ist jedoch so allgemein angelegt, daß es auch in anderen Industriezweigen angewendet werden kann. Es wird angenommen, daß für das zu betrachtende Projekt ein Netzwerk vorliegt und zur Realisierung Arbeitskräfte verschiedener Berufsgruppen benötigt werden. Jedoch soll für jeden Vorgang nur eine Berufsgruppe erforderlich sein.

Das Verfahren beginnt mit der Berechnung der Zeitpunkte des frühestmöglichen Beginns und der Pufferzeiten für jeden Vorgang nach der Methode des kritischen Weges. Die Vorgänge werden dann entsprechend ihrer frühesten Startmöglichkeit angeordnet und der Arbeitskräftebedarf pro Beruf und Zeiteinheit berechnet. Man erhält so für jeden Beruf eine Auslastungskurve gemäß Bild 2.13. Das Ziel ist, das Bedarfsmaximum abzubauen. Dazu werden nacheinander für jede Auslastungskurve

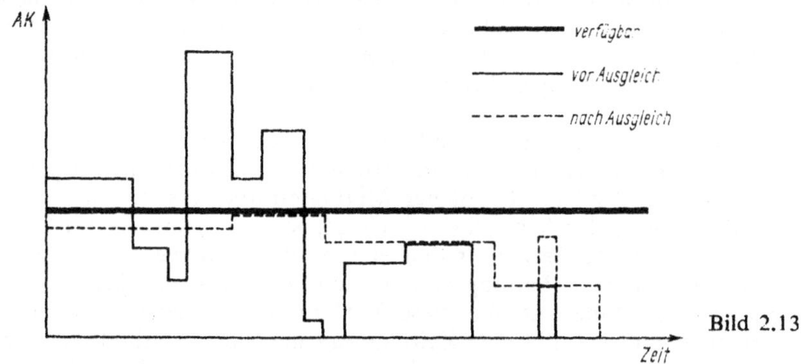

Bild 2.13

solche Vorgänge verschoben, die erstens zu dem Bedarfsmaximum einen Beitrag leisten und zweitens über genügend Pufferzeit verfügen, so daß sie auch nach der Verschiebung erst nach dem Maximum beginnen. Da es im allgemeinen für jede Berufsgruppe mehrere Vorgänge gibt, die diesen Bedingungen genügen, benutzt man zur Auswahl Zufallszahlen. Die Zahl der Zeiteinheiten, um die verschoben wird, kann gleichfalls über Zufallszahlen ermittelt werden. Das genaue Vorgehen bei der Benutzung von Zufallszahlen entspricht demjenigen aus 1.2.3. bei der Ermittlung der ersten Zahl einer Reihenfolge.

Das Verfahren wird so lange fortgesetzt, bis es keine Möglichkeiten mehr für die Verschiebung gibt. Man muß natürlich auch darauf achten, daß durch die Verschiebung nicht neue Bedarfsspitzen aufgebaut werden. Im übrigen wäre neben Verschiebungen auch entsprechend eine Verlängerung der Vorgangszeiten einzubauen, wodurch die Arbeitskräftezahl pro Zeiteinheit gleichfalls abgebaut werden könnte.

Als „ideale" Lösung für jede Auslastungskurve würde man ein Rechteck haben, d.h. gleichbleibender Bedarf für den Gesamtzeitraum. Das ist natürlich kaum zu erreichen.

Das Verfahren ist zunächst so oft zu wiederholen, bis die Bedarfsmaxima nicht mehr über dem erlaubten Höchstbedarf liegen. Außerdem ist aber die gesamte Rechnung mehrfach durchzuführen, denn wegen der Verwendung von Zufallszahlen werden die jeweiligen Lösungen differieren, und man kann sich die günstigste aussuchen.

Wenn man nicht alle Entscheidungen durch Zufallszahlen trifft, kann man natürlich den Rechenaufwand wesentlich einschränken; hier hätten wir dann eine teilweise gezielte Simulation.

2.3.3. Bedienungsmodelle

Wir wollen nun zeigen, wie man Bedienungsprobleme (vgl. Bd. 19/1) mit Simulationsverfahren behandeln kann, wobei wir wieder einen sehr einfachen Fall betrachten. Wir legen ein Wartesystem zugrunde und wollen bei gegebenem Forderungenstrom und gegebener Verteilung der Bedienungszeiten die optimale Anzahl von Bedienungseinheiten bestimmen. Will man explizite Methoden anwenden, so muß man sowohl für den Forderungenstrom als auch für die Bedienungszeiten gewisse Annahmen treffen, z. B. daß der Forderungenstrom poissonverteilt und die Bedienungszeiten exponentiell verteilt sind. Bei der Simulation ist das nicht notwendig, und das erweist sich als großer Vorteil, weil diese Verteilungen oft nicht zutreffen. Mit welchen Verteilungen man arbeiten muß, ergibt sich durch ein Studium des Bedienungssystems und der Aufstellung entsprechender empirischer Verteilungen.

Wir charakterisieren den Forderungenstrom durch eine Zufallsgröße X_1, die als Zeitintervall zwischen zwei aufeinanderfolgenden Forderungen definiert ist und die Verteilungsfunktion $\Phi_1(x)$ besitze. Die Zufallsgröße X_2 mit der Verteilungsfunktion $\Phi_2(x)$ möge die Bedienungszeit charakterisieren. Gemäß Abschnitt 1.2. erzeugen wir Zufallszahlen mit diesen Verteilungsfunktionen. Jeder eintreffenden Forderung ordnen wir eine der erzeugten Bedienungszeiten zu und können unter weiterer Benutzung der erzeugten Zeitintervalle zwischen zwei Forderungen für jede Zeiteinheit bei gegebener Anzahl von Bedienungseinheiten die Anzahl der im System befindlichen Forderungen bestimmen. Sobald eine Bedienungseinheit frei ist, kommt die erste der „anstehenden" Forderungen auf diese Einheit, falls eine Forderung da ist. Jede ankommende Forderung wird entweder sofort bedient, falls eine Einheit frei ist oder reiht sich an die Warteschlange an. In jeder Zeiteinheit summieren wir die Anzahl der wartenden Forderungen bzw. die Zahl nicht genutzter Bedienungseinheiten. Über die ökonomischen Verluste, die den wartenden Forderungen bzw. nicht genutzten Bedienungseinheiten entsprechen, kommt man zu einer Bewertung des Bedienungssystems und kann durch Variation der Anzahl der Bedienungseinheiten das optimale System aussuchen.

Bei Verlustsystemen wäre ein analoges Vorgehen möglich, wobei lediglich statt der Warteschlangenlänge als Kennziffer und Bewertungsgrundlage die Anzahl der pro Zeiteinheit abgelehnten Forderungen zu dienen hätte.

2.3.4. Lagerhaltungsprobleme

Im Zusammenhang mit der Lagerhaltung (vgl. Bd. 19/1) spielt die Simulation gleichfalls eine wesentliche Rolle, weil die expliziten Modelle vielfach sehr kompliziert sind. Aus der großen Reihe unterschiedlicher Problemstellungen wollen wir zwei einfache Fälle herausgreifen, nämlich die Bestimmung der

(1) optimalen Lagerpolitik für Ersatzteillager,

(2) optimalen Lagerpolitik für Lager für Rohstoffe, Zwischenprodukte oder Fertigprodukte.

Betrachten wir zunächst den *ersten* Fall. Es handelt sich um Ersatzteile für Reparaturen, und die Aufgabe besteht in der Ermittlung einer optimalen Bestellpolitik, so daß die Summe aus Lager-, Mangel- und evtl. Beschaffungskosten im Mittel minimal ausfällt.

Die drei genannten Kostenarten sind übrigens typisch für Lagerhaltungssysteme. Man kann aber mitunter auch andere Aufgabenstellungen, die mit Lagerhaltung überhaupt nichts zu tun haben, als Lagerhaltungsmodelle auffassen, sofern nur Kostenarten auftreten, die als Lager-, Mangel- und Beschaffungskosten gedeutet werden könnten.

Die Notwendigkeit zum Simulieren ergibt sich, wenn für den Bedarf keine theoretische Verteilung bekannt ist oder auch andere Komplikationen eintreten, die ein explizites Verfahren verhindern oder sehr aufwendig gestalten würden. Bei der Durchführung der Simulation kann im wesentlichen dasselbe Konzept wie im vorigen Beispiel benutzt werden. Man bestimmt empirisch eine Verteilung für den Bedarf und variiert die Bestellung und evtl. den Bestellzyklus, der sich auf die Beschaffungskosten auswirken kann. Aus diesen Varianten, die sich durch Simulation über einen längeren Zeitraum ergeben, kann man diejenige mit den geringsten Kosten auswählen.

In diesem Zusammenhang sei erwähnt, daß es unter Umständen notwendig und sinnvoll sein kann, ein solches Lagerhaltungsmodell mit einem Reparaturmodell zu koppeln. Ein Reparaturmodell wird im allgemeinen zu dem Zweck aufgestellt, die günstigsten Zeitpunkte für planmäßig vorbeugende Instandhaltungsmaßnahmen auszurechnen. Da aber der überwiegende Teil der Reparaturmaßnahmen planmäßig durchgeführt wird, wäre es nicht richtig, den Bedarf rein stochastisch zu betrachten, sondern man kann den Bedarf für die planmäßigen Reparaturen aus dem Reparaturmodell ableiten. Über solche und andere Modellkopplungen wird aber im nächsten Abschnitt noch ausführlicher zu sprechen sein.

Im *zweiten* Fall der Lagerhaltungsprobleme geht es in erster Linie um die Bestimmung optimaler Lagerkapazitäten. Bei zu kleiner Auslegung solcher Lager müssen in Havariefällen oder auch bereits bei planmäßigen Reparaturen, bei Störungen in der Rohstoffzufuhr oder dem Abtransport der Fertigprodukte ganze Produktionsstränge stillgelegt werden. Bei zu großer Auslegung sind unnötig viel Investitions- und Unterhaltungskosten aufzuwenden.

Zur Simulation werden in solchen Fällen Verteilungen über die Häufigkeit von Havariefällen und die Zeitdauer für deren Beseitigung benötigt; es liegt also hier ein Sachverhalt wie bei einem Bedienungsmodell, allerdings mit etwas anderer Zielstellung, vor. Es ist außerdem erforderlich, die Zyklen der planmäßigen Instandhaltung zu berücksichtigen, so daß eine Kopplung mit einem Reparaturmodell hier ebenfalls sinnvoll erscheint.

2.3.5. Durchführung von Modellkopplungen

Die Kopplungsbeziehungen zwischen den Modellen eines Modellsystems lassen sich durch einen gerichteten Graphen darstellen, wobei die Knoten den Modellen und die Bögen den Informationsflüssen entsprechen. Unter einem Weg in einem gerichteten Graphen versteht man eine Folge von Bögen, wo der Endknoten eines Bogens mit dem Anfangsknoten des nächsten Bogens übereinstimmt, falls noch ein nächster Bogen in der Folge existiert. Fallen bei einem Weg Anfangs- und Endknoten zusammen, so spricht man von einem Kreis.

Die Berechnung eines Modellsystems wird nun gerade dann problematisch, wenn der zugeordnete Graph Kreise enthält. In einem solchen Fall kann man kein Modell des Kreises berechnen, weil Informationen aus dem vorangegangenen Modell erforderlich sind. Im übrigen treten solche Situationen auch oft bei der Berechnung chemischer Anlagen auf, weil durch Produktrückläufe ebenfalls Kreise entstehen.

Ein einfacher Fall eines solchen Kreises ist in Bild 2.14 dargestellt. Der Beginn der Berechnung ist offensichtlich nur dann möglich, wenn die Informationen, die über einen Bogen laufen, geschätzt werden. Man spricht dann vom „Aufschneiden" des entsprechenden Bogens. Hat man dann die Berechnung aller Modelle des Kreises durchgeführt, so ergeben sich auch Werte für die geschätzten Informationen, und der Vergleich zeigt, ob die Schätzung gut war. Stimmen nämlich geschätzte und errechnete Werte überein, so ist der Kreis wieder „geschlossen", und die Berechnung ist beendet. Anderenfalls ist die Berechnung mit neuen Schätzwerten zu wiederholen, und in vielen Fällen wird ein solches Iterationsverfahren auch konvergieren.

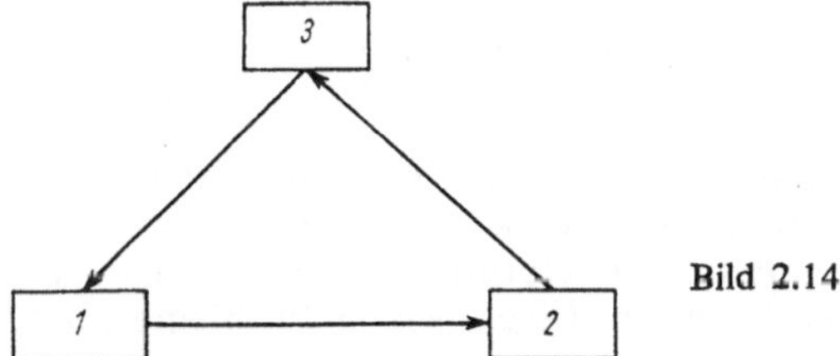

Bild 2.14

Ein Ansatzpunkt für die Simulation ergibt sich aus der Frage, welchen Bogen eines Kreises man aufschneiden soll. Wegen des damit verbundenen hohen Rechenaufwandes ist es sicher wenig sinnvoll, alle Möglichkeiten durchzuprobieren. Vielmehr muß man versuchen, das Aufschneiden gemäß bestimmter Kriterien vorzunehmen. Zu diesem Zweck bewertet man die Bögen nach solchen Kriterien und schneidet (da in einem Graphen auch mehrere Kreise auftreten können) solche Bögen auf, daß damit alle Kreise beseitigt sind und die Bewertungssumme der aufgeschnittenen Bögen minimal wird. Zur Bestimmung der Bewertungen können verschiedene Gesichtspunkte herangezogen werden, von denen wir zwei nennen wollen:

(1) Man wählt als Bewertung die Anzahl der Daten, die über einen Bogen vermittelt werden. Dann sind offensichtlich beim Aufschneiden eines Bogens mit kleiner Bewertung nur wenige Größen zu schätzen. Diese Möglichkeit wird bei der Berechnung untereinander gekoppelter chemischer Anlagen benutzt.

(2) Als Bewertung wird ein Maß der Sensitivität des die Daten empfangenden Modells bezüglich dieser Daten gewählt. Bei geringer Sensitivität (also kleiner Bewertung) hat eine fehlerhafte oder ungenaue Schätzung wenig Einfluß auf die weitere Berechnung.

Ohne näher auf Möglichkeiten zur Definition eines solchen Sensitivitätsmaßes einzugehen, sei nur soviel bemerkt, daß hier mit Erfolg simuliert werden kann, indem für ein Modell die Auswirkung von Änderungen der Eingangsdaten auf die Ausgangsdaten untersucht wird. Die Änderungen der Eingangsdaten können entweder zufällig oder geplant durchgeführt werden. Direkte Methoden zur Bestimmung der Sensitivität dürften nur bei sehr einfachen Modellen anwendbar sein.

Die Lösung des Schnittproblems kann über Methoden der ganzzahligen Optimierung erfolgen [6], so daß wir darauf an dieser Stelle nicht näher eingehen wollen.

2.4. Simulation durch Spiele

Wir betrachten den einfachsten spieltheoretischen Fall, nämlich den des endlichen 2-Personen-Nullsummenspiels (vgl. Bd. 21). Spieler I habe die Spielmöglichkeiten $1, \ldots, m$, Spieler II die Möglichkeiten $1, \ldots, n$. Die Auszahlungsmatrix sei $\mathbf{A} = (a_{ij})$. Gesucht sind gemischte Strategien $\mathbf{x}^* = (x_1^*, \ldots, x_m^*)$ und $\mathbf{y}^* = (y_1^*, \ldots, y_n^*)$, so daß der Erwartungswert für den Gewinn des Spielers I $E(\mathbf{x}^*, \mathbf{y}^*) = \sum_{i=1}^{m} \sum_{j=1}^{n} a_{ij} x_i^* y_j^*$ der Beziehung

$$\max_{\mathbf{x}} \min_{\mathbf{y}} E(\mathbf{x}, \mathbf{y}) = \min_{\mathbf{y}} \max_{\mathbf{x}} E(\mathbf{x}, \mathbf{y}) = E(\mathbf{x}^*, \mathbf{y}^*)$$

genügt. Die Existenz solcher optimaler Strategien $\mathbf{x}^*$, $\mathbf{y}^*$ ist nach dem Hauptsatz der Spieltheorie gesichert. Die Bestimmung von $\mathbf{x}^*$ kann durch Lösung eines linearen Optimalproblems erfolgen; $\mathbf{y}^*$ ergibt sich als Optimallösung des zugehörigen Dualproblems, wobei die Koeffizientenschemata dieser beiden Probleme durch $\mathbf{A}$ bzw. $\mathbf{A}^T$ gegeben sind.

Man kann aber ein solches Spiel auch dadurch lösen, daß man es nach einer bestimmten Vorschrift durch einen Rechenautomaten spielen läßt. Der Ablauf einer solchen Simulation besteht darin, daß zunächst I willkürlich eine seiner Möglichkeiten $1, \ldots, m$ wählt, etwa i_1. Diese Auswahl ist im übrigen das einzige zufällige Element der Simulation, denn alles andere folgt – wie wir sehen werden – zwangsläufig. Die genannte Wahl von i_1 fassen wir als gemischte Strategie $\mathbf{x}_1 = (0, \ldots, 0, 1, 0 \ldots 0)$ auf, wobei die 1 an der Stelle i_1 steht. Spieler II wählt dann unter der Annahme, daß I auch in Zukunft $\mathbf{x}_1$ spielt, eine solche Spielmöglichkeit j_1, so daß er möglichst wenig verliert. Diese Wahl fassen wir als entsprechende gemischte Strategie $\mathbf{y}_1$ auf. Nun spielt I unter der Annahme, daß II auch weiter $\mathbf{y}_1$ spielt, so daß er möglichst viel gewinnt. Ergibt sich wiederum i_1 als Spielmöglichkeit, so ist $\mathbf{x}_2 = \mathbf{x}_1$; ergibt sich dagegen $i_2 = i_1$, so ist $\mathbf{x}_2 = (0, \ldots, 0, \frac{1}{2}, 0, \ldots, 0, \frac{1}{2}, 0, \ldots, 0)$, wobei die Größen $\frac{1}{2}$ an den Stellen i_1 und i_2 stehen. Dann ist wieder II an der Reihe; er wählt seine Spielmöglichkeit unter der Annahme, daß I in Zukunft $\mathbf{x}_2$ spielt usw. Das Verfahren konvergiert, wenn auch langsam, gegen optimale Strategien $\mathbf{x}^*$ bzw. $\mathbf{y}^*$.

Wir hatten erwähnt, daß man ein Spiel durch Zurückführung auf zueinander duale lineare Optimalprobleme lösen kann. Die Umkehrung gilt aber auch: Ein lineares Optimalproblem läßt sich auf ein Spiel zurückführen, wenn auch mit etwas höherem Aufwand [1]. Damit wird es möglich, auch lineare Optimalprobleme durch Simulation zu lösen, indem man das beschriebene Verfahren auf das zugehörige Spiel anwendet. Die erwähnte langsame Konvergenz wird durch die Einfachheit des Verfahrens teilweise kompensiert.

Selbstverständlich ist aber – wie bei allen Simulationsverfahren – bei kleineren Aufgaben wieder ein explizites Verfahren, also etwa die Simplexmethode, vorzuziehen.

2.5. Simulation ganzzahliger Optimierungsprobleme durch Irrfahrten

Wie wir bereits im Abschnitt 2.1.5. sahen, spielen Irrfahrten bei Simulationen eine wichtige Rolle, und wir wollen im folgenden zeigen, daß auch bei Operationsforschungsproblemen derartige Betrachtungsweisen nützlich sein können. Wir betrachten ein rein-ganzzahliges lineares Optimalproblem der Gestalt

$$z = \mathbf{c}^T\mathbf{x} = \max!$$

$$\mathbf{A}\mathbf{x} = \mathbf{b}$$

$$\mathbf{x} \geqq 0 \quad \text{und ganz}$$

mit ganzzahligen **c**, **A** und **b** und lösen dieses Problem zunächst ohne die Forderung **x** ganz. Auflösung nach den Basisvariablen, die wir ohne Beschränkung der Allgemeinheit mit $x_1, \ldots, x_m$ bezeichnen wollen, ergebe

$$x_i = \alpha_i + \alpha_{i,m+1}(-x_{m+1}) + \cdots + \alpha_{in}(-x_n), \quad i = 1, \ldots, m. \tag{2.60}$$

Aus der Theorie der linearen Optimierung ist bekannt, daß die Koeffizienten α_i und α_{ij} als rationale Brüche mit dem Nenner d darstellbar sind, wobei d der Absolutbetrag der Basisdeterminante ist.

Einsetzen der Ausdrücke für die Basisvariablen in die Zielfunktion liefert

$$z = \gamma + \gamma_{m+1}(-x_{m+1}) + \cdots + \gamma_n(-x_n).$$

Auf Grund des Simplexkriteriums gilt $\gamma_j \geqq 0$ für $j = m + 1, \ldots, n$, und γ und diese γ_j sind ebenfalls als rationale Brüche mit dem Nenner d darstellbar. Vor Beginn der Simulation ersetzen wir γ durch eine Größe γ_0, die zunächst als sehr große Zahl definiert ist. Dadurch soll erreicht werden, daß z für keinen zulässigen Gitterpunkt negativ ausfällt. Das Prinzip der Simulation ist nun folgendes:

1. Es wird ein Irrfahrtproblem konstruiert, indem man die Variablen $x_{m+1}, \ldots, x_n$ zufälligen Änderungen um $+1$ oder -1 unterwirft.
2. Sobald ein x_j $(j = m + 1, \ldots, n)$ oder ein gemäß (2.60) auszurechnendes x_i $(i = 1, \ldots, m)$ negativ wird, kehrt man um, d.h., man macht den letzten Schritt rückgängig und wählt eine andere zufällige Änderung.
3. Sind alle Variablen nicht negativ und ganz, so hat man einen zulässigen Gitterpunkt erhalten. Gilt für diesen $\gamma_0 > \gamma_{m+1}x_{m+1} + \cdots + \gamma_n x_n$, so ersetzt man γ_0 durch $\gamma_{m+1}x_{m+1} + \cdots + \gamma_n x_n - 1$; dadurch wird der zulässige Bereich verkleinert. Enthält der so verkleinerte zulässige Bereich keinen Gitterpunkt mehr, so ist der zuletzt gefundene Gitterpunkt optimal.
4. Nach bekannten Sätzen über Markowsche Ketten (vgl. Bd. 19/1) wird bei beschränktem zulässigem Bereich jeder zulässige Gitterpunkt mit der Wahrscheinlichkeit 1 erreicht. Somit konvergiert das Verfahren in dem Sinn, daß ein optimaler Gitterpunkt mit der Wahrscheinlichkeit 1 erreicht wird. Da keine Divisionen auftreten, entfallen Schwierigkeiten durch Rundungsfehler.

Dieses Prinzip erscheint verhältnismäßig einfach, jedoch ergaben sich bei der praktischen Erprobung zwei Schwierigkeiten:

Erstens kann man zwar alle Koeffizienten als rational annehmen und die Forderung auf Ganzzahligkeit von **c**, **A** und **b** durch Multiplikation mit dem Hauptnenner erreichen, doch weisen dann die ganzzahligen Koeffizienten bedeutende Unterschiede in der Größenordnung auf. Solche Eigenschaften wirken sich auf numerische Verfahren meist ungünstig aus, und das ist auch bei dem Suchprozeß der Fall. Es habe z.B. eine der Nebenbedingungen des Problems die Form $a_{i_0 j_0} x_{j_0} + x_{j_1} = b_{i_0}$ mit $1 \leqq j_0, j_1 \leqq n$; $j_0 \neq j_1$, wobei $a_{i_0 j_0}$ eine sehr große Zahl ist und $b_{i_0} \approx \frac{a_{i_0 j_0}}{2}$ gilt;

wenn dann x_{j_0} Basisvariable in der stetigen Optimallösung ist und x_{j_1} Nichtbasisvariable, so hat eine Änderung von x_{j_1} um 1 nur einen sehr geringen Einfluß auf die Veränderung von x_{j_0}, und es werden sehr viele Suchschritte notwendig, um ganzzahlige Werte für x_{j_0} zu erhalten.

In solchen Fällen ist es günstig, eine Näherungslösung für einen optimalen Gitterpunkt zu haben, bei der der Suchprozeß begonnen werden kann.

Zweitens kann man leicht Beispiele angeben, für die es nicht möglich ist, eine Irrfahrtroute zu einem beliebig vorgegebenen Gitterpunkt so anzugeben, daß alle Zwischenlösungen im zulässigen Bereich liegen. Es ist daher nicht eine sofortige Umkehr zu empfehlen, wenn der zulässige Bereich bei der Irrfahrt verlassen wird.

Daher wurde das geschilderte Verfahren folgendermaßen ergänzt bzw. abgeändert:

- Zur Realisierung der Irrfahrt werden die Übergangswahrscheinlichkeiten für die Nichtbasisvariablen umgekehrt proportional zu den reduzierten Kosten γ_j gewählt. Dann erfolgt eine Änderung von Variablen mit kleinen reduzierten Kosten mit größerer Wahrscheinlichkeit.
- Es werden auch Irrfahrten außerhalb des zulässigen Bereiches gestattet. Wird innerhalb einer vorgegebenen Anzahl k von Suchschritten nach dem Verlassen des zulässigen Bereiches keine zulässige Zwischenlösung angetroffen, so erfolgt eine „erzwungene Rückkehr“, d. h., die Irrfahrt wird abgebrochen und mit der zuletzt angetroffenen zulässigen Zwischenlösung fortgesetzt.
- Das Verfahren bricht ab, sobald eine vorgegebene Anzahl von Suchschritten im zulässigen Bereich ausgeführt wurde, ohne einen weiteren Gitterpunkt zu finden.
- Damit nicht jede Rechnung mit der gleichen Folge von Zufallszahlen durchgeführt wird, ist ein ganzzahliger Parameter $l > 0$ anzugeben, der dafür sorgt, daß die Simulation mit der l-ten Zufallszahl beginnt.

Weitere Möglichkeiten zur Verbesserung und Beschleunigung des Verfahrens sollen hier nicht betrachtet werden, da es uns nur auf das prinzipielle Vorgehen bei solchen Methoden ankommt.

Es zeigt sich nun in der Praxis, daß das Verfahren bei manchen Aufgaben sehr schnell zum Ziele führte. Darunter waren solche, die mit expliziten Lösungsmethoden nur sehr schwer oder überhaupt nicht lösbar waren, und das sind auch gerade die Fälle, bei welchen der Einsatz von Simulationsverfahren vorteilhaft ist. Es gab natürlich auch Probleme, die mit dem Simulationsverfahren nicht in erträglicher Zeit lösbar waren.

Literatur

[1] *Burger, E.:* Einführung in die Theorie der Spiele. Berlin: W. de Gruyter, 1959.

[2] *Buslenko, N. P.:* Simulation von Produktionsprozessen (Übers. a. d. Russ.). Leipzig: BSB B. G. Teubner Verlagsgesellschaft 1971.

[3] *Buslenko, N. P.; Schreider, J. A.:* Die Monte-Carlo-Methode und ihre Verwirklichung mit elektronischen Digitalrechnern (Übers. a. d. Russ.). Leipzig: B. G. Teubner Verlagsgesellschaft 1964.

[4] *Hammersley, J. M.; Handscomb, D. C.:* Monte-Carlo-Methods. London: Methuen 1964.

[5] *Levy, F. K.; Thompson, G. L.; Wiest, J. D.:* Multiship, multishop, workload-smoothing program. Naval Res. Logist. Quart. **9** (1962), 37–42.

[6] *Piehler, J.:* Modellsysteme der Operationsforschung und Graphentheorie. Math. OF u. Stat. **3** (1972), 83–89.

[7] *Schreiter, D., u. a.:* Simulationsmodelle für ökonomisch-organisatorische Probleme. Schriftenreihe Datenverarbeitung. Berlin: Verlag Die Wirtschaft 1968.

[8] *Sobol, I. M.:* Die Monte-Carlo-Methode (Übers. a. d. Russ.). Berlin: VEB Deutscher Verlag der Wissenschaften 1971.

[8*a*] *Autorenkollektiv:* Verfahrensorientierte Systemunterlagen für mathematische Methoden in der Wirtschaft. Schriftenreihe Informationsverarbeitung. Berlin: Verlag die Wirtschaft 1974.

[9] *Бусленко, Н. П.; Голенко, Д. И.; Соболь, И. М.; Срагович, В. Г.; Шрейдер, Ю. А.:* Метод статистических испытаний (метод Монте-Карло), Москва: Физматгиз 1962.

[10] *Владимиров, В. С.:* Численное решение кинетического уравнения для сферы. Вычислит. математика 1958, № 3, 3–33.

[11] *Владимиров, В. С.:* О приближенном вычислении винеровских интегралов. Успехи матем. наук 1960, 15, № 4, 129–135.

[12] *Гурин, Л. С.:* Опыт применения метода Монте-Карло для нахождения экстремальных значений функций. Сб. „Вопросы вычисл. мат. и техники" под ред. Л. А. Люстерника, Москва Физматгиз 1963, 118–123.

[13] *Дядькин, И. Г.:* Моделирование случайной энергии гаммакванта, рассеянного в результате комптон-эффекта. Ж. вычисл. матем. и матем. физ. 1966, 6, № 2, 348–385.

[14] *Ермаков, С. М.:* Метод Монте-Карло и смежные вопросы. Москва: Наука 1971.

[15] *Марчук, Г. И.:* Методы расчета ядерных реакторов, Москва: Госатомиздат 1961.

[16] *Марчук, Г. И.: Михаилов, Т. А.; Мазаралиев, М. А.; Дарбинян, Р. А.:* Решение прямых и некоторых обратных задач атмосферной оптики методом Монте-Карло. Новосибирск: Наука 1968.

[17] *Полляк, Ю. Г.:* Вероятностное моделирование на ЭВМ. Москва: Сов. радио 1971.

[18] *Соболь, И. М.:* Численные Методы Монте-Карло. Москва: Наука 1973.

[19] *Соболь, И. М.:* О расчете движения заряженных частиц в плазме методом Монте-Карло. Сб. тезисов докл. на 2-м Всесоюзн. совещ. по методам Монте-Карло, Тбилиси 1969.

[20] *Чавчанадзе, В. В.; Джапаридзе, К. Г.; Кумсиашвили, В. А.:* Статистико-вероятностное моделирование цепных химических реакций. Гр. Ин-та кибернет. АН Груз. ССР, 1963, 1, 85–91.

Namen- und Sachregiste

I. N. BRONSTEIN † und K. A. SEMENDJAJEW, Moskau

Taschenbuch der Mathematik

24. Auflage, herausgegeben von G. GROSCHE, Leipzig, V. ZIEGLER † und D. ZIEGLER, Leipzig
XI, 840 Seiten mit 390 Abbildungen. 14,5 cm × 20 cm. 1989
Kunstleder 29,50 M; Ausland 36,– DM
Bestell-Nr. 665 911 8 · Bestellwort: Bronstein, Taschenbuch

Inhalt: Tabellen und graphische Darstellungen (Tabellen · Bilder elementarer Funktionen · Gleichungen und Parameterdarstellungen elementarer Kurven) · Elementarmathematik (Elementare Näherungsrechnung · Kombinatorik · Endliche Folgen, Summen, Produkte, Mittelwerte · Algebra · Elementare Funktionen · Geometrie) · Analysis (Differential- und Integralrechnung von Funktionen einer und mehrerer Variabler · Variationsrechnung und optimale Prozesse · Differentialgleichungen · Komplexe Zahlen, Funktionen einer komplexen Veränderlichen) · Spezielle Kapitel (Mengen, Relationen, Funktionen · Vektorrechnung · Differentialgeometrie · Fourierreihen, Fourierintegrale und Laplacetransformation) · Wahrscheinlichkeitsrechnung und mathematische Statistik (Wahrscheinlichkeitsrechnung · Mathematische Statistik) · Lineare Optimierung (Aufgabenstellung der linearen Optimierung und Simplexalgorithmus · Transportproblem und Transportalgorithmus · Typische Anwendungen der linearen Optimierung · Parametrische lineare Optimierung) · Numerik und Rechentechnik (Numerische Mathematik · Rechentechnik und Datenverarbeitung)

Ergänzende Kapitel zu

BRONSTEIN/SEMENDJAJEW

Taschenbuch der Mathematik

6. Auflage, herausgegeben von G. GROSCHE, Leipzig, V. ZIEGLER † und D. ZIEGLER, Leipzig
VI, 234 Seiten mit 49 Abbildungen. 14,5 cm × 20 cm. 1990
Kunstleder 13,– M; Ausland 19,80 DM
Bestell-Nr. 666 456 6 · Bestellwort: Bronstein, Ergänzungsbd.

Inhalt: Analysis (Funktionalanalysis · Maßtheorie und Lebesgue-Stieltjes-Integral · Tensorrechnung · Integralgleichungen) · Mathematische Methoden der Operationsforschung (Ganzzahlige lineare Optimierung · Nichtlineare Optimierung · Dynamische Optimierung · Graphentheorie · Spieltheorie · Kombinatorische Optimierungsaufgaben) · Mathematische Informationsverarbeitung (Grundbegriffe · Automaten · Algorithmen · Elementare Schaltalgebra · Simulation und statistische Versuchsplanung und -optimierung) · Dynamische Systeme (Grundideen · Dynamische Systeme in der Ebene · Stabilität · Bifurkation · Ljapunovfunktion)

Mathematik für Ingenieure, Naturwissenschaftler, Ökonomen und Landwirte

Vorbereitungsband	*Schäfer/Georgi:* Vorbereitung auf das Hochschulstudium
Band 1	*Sieber/Sebastian/Zeidler:* Grundlagen der Mathematik, Abbildungen, Funktionen, Folgen
Band 2	*Pforr/Schirotzek:* Differential- und Integralrechnung für Funktionen mit einer Variablen
Band 3	*Schell:* Unendliche Reihen
Band 4	*Harbarth/Riedrich/Schirotzek:* Differentialrechnung für Funktionen mit mehreren Variablen
Band 5	*Körber/Pforr:* Integralrechnung für Funktionen mit mehreren Variablen
Band 6	*Schöne:* Differentialgeometrie
Band 7/1	*Wenzel:* Gewöhnliche Differentialgleichungen 1
Band 7/2	*Wenzel:* Gewöhnliche Differentialgleichungen 2
Band 8	*Meinhold/Wagner:* Partielle Differentialgleichungen
Band 9	*Greuel/Kadner:* Komplexe Funktionen und konforme Abbildungen
Band 10	*Stopp:* Operatorenrechnung
Band 11	*Schultz-Piszachich:* Tensoralgebra und -analysis
Band 12	*Sieber/Sebastian:* Spezielle Funktionen
Band 13	*Manteuffel/Seiffart/Vetters:* Lineare Algebra
Band 14	*Seiffart/Manteuffel:* Lineare Optimierung
Band 15	*Elster:* Nichtlineare Optimierung
Band 16	*Bieß/Erfurth/Zeidler:* Optimale Prozesse und Systeme
Band 17	*Beyer/Hackel/Pieper/Tiedge:* Wahrscheinlichkeitsrechnung und mathematische Statistik
Band 18	*Oelschlägel/Matthäus:* Numerische Methoden
Band 19/1	*Beyer/Girlich/Zschiesche:* Stochastische Prozesse und Modelle
Band 19/2	*Bandemer/Bellmann:* Statistische Versuchsplanung
Band 20	*Piehler/Zschiesche:* Simulationsmethoden
Band 21/1	*Manteuffel/Stumpe:* Spieltheorie
Band 21/2	*Bieß:* Graphentheorie
Band 22	*Göpfert/Riedrich:* Funktionsanalysis
Band 23	*Belger/Ehrenberg:* Theorie und Anwendung der Symmetriegruppen
Band Ü1	*Wenzel/Heinrich:* Übungsaufgaben zur Analysis 1
Band Ü2	*Wenzel/Heinrich:* Übungsaufgaben zur Analysis 2
Band Ü3	*Pforr/Oehlschlaegel/Seltmann:* Übungsaufgaben zur linearen Algebra und linearen Optimierung
Band Ü4	*Gillert/Nollau:* Übungsaufgaben zur Wahrscheinlichkeitsrechnung und mathematischen Statistik